普通高等院校“十四五”计算机基础系列教材

大学计算机基础实验

主　编◎周　钢　李永杰
副主编◎郭　晖　祁　薇　吕海燕　杨　健　郭巧驰
主　审◎李　瑛　崔良中

中国铁道出版社有限公司
CHINA RAILWAY PUBLISHING HOUSE CO., LTD.

内容简介

本书是“大学计算机基础”课程的配套实验教材，既有以Office办公软件为代表的计算机基础应用操作，也有使用Python程序对计算机基础理论进行验证和设计的相关内容。

全书共分为两部分：第一部分为计算机基础应用实验，分为6章，每章按照内容提要、实验内容的结构来编排。其中Windows 7实验4个、办公自动化实验9个、计算机网络实验1个、数据库与信息系统实验2个、辅助制图技术实验2个、综合实验1个。每个实验以实验目的为牵引，配合了翔实的步骤，并加以实战练习，以满足初学者的需求，同时在军事训练网和互联网均有各实验的讲解视频，可以参照学习。第二部分为Python综合设计实验，分为13个实验，主要对计算机基础理论知识进行验证和设计，以期加深对基础理论知识的理解和掌握，其中包括Python基础、算法设计分析、数据分析挖掘和turtle绘图4个富有特色的实验项目。

本书适合作为高等院校计算机基础课程的实验教材，也可作为军事院校学生网络自主学习、士兵士官提升信息化水平的初级培训教材。

图书在版编目（CIP）数据

大学计算机基础实验/周钢，李永杰主编. —2版. —北京：中国铁道出版社有限公司，2022. 10

普通高等院校“十四五”计算机基础系列教材

ISBN 978-7-113-29371-0

Ⅰ.①大… Ⅱ.①周… ②李… Ⅲ.①电子计算机-高等学校-教材 Ⅳ.①TP3

中国版本图书馆CIP数据核字（2022）第110118号

书　　名：大学计算机基础实验

作　　者：周　钢　李永杰

策　　划：祝和谊　　　　编辑部电话：（010）63549508

责任编辑：贾　星

封面设计：王镜夷

封面制作：刘　颖

责任校对：安海燕

责任印制：樊启鹏

出版发行：中国铁道出版社有限公司（100054，北京市西城区右安门西街8号）

网　　址：http://www.tdpress.com/51eds/

印　　刷：河北宝昌佳彩印刷有限公司

版　　次：2018年6月第1版　2022年10月第2版　2022年10月第1次印刷

开　　本：787 mm×1 092 mm　1/16　印张：12.75　字数：330千

书　　号：ISBN 978-7-113-29371-0

定　　价：35.00元

前言（第二版）>>>

“大学计算机基础”是大学生的第一门综合类信息课程，通过系统地学习计算机基础系统理论知识，可以提高学生的信息素质，培养计算思维。“大学计算机基础实验”是计算机基础理论教学的辅助和实践，既有涉及计算机系统平台及基础应用软件的使用，也有对基础理论知识的验证，同时还有对计算思维基本思想方法的初步掌握和简单应用，从而为学生构建计算机应用技能、基础理论、信息素质、计算思维的全面能力框架。

“大学计算机基础实验”课程目标是使学生掌握计算机基础实操技能，加深计算机基础理论和计算思维的理解。因此，我们关注三个层面内容：一是计算机基础应用操作技能的掌握，使学生掌握以 Windows 操作系统、Office 办公软件为代表计算机基础应用软件的实际操作技能，瞄准学生未来的学业、工作的需求，可依专业增设部分基础软件使用，如 cnki 学术检索，Visio 绘图等；二是计算机理论知识验证，计算机基础知识体系涵盖面广、内容抽象，通过基础验证实验，以实践形式探索计算机基础抽象理论知识显性展示，有助于更加深入、感性地理解计算机基础理论；三是计算思维的具体实践，计算思维已成为计算机基础教育的重要培养目标之一，“大学计算机基础实验”应承担计算思维培养目标达成的任务。

随着信息社会发展，部分大学生在入学前已具备了一定的计算机基础操作技能，因此，应当差别化、个性化地开展基础实操技能培训，可运用“自主学训”模式开展基础实操技能训练。为便于理解计算机基础理论知识体系和实践计算思维，选用易于学习、实现方便的面向对象的解释型计算机程序设计语言 Python，构建涵盖了计算机基础理论知识的 Python 验证实验体系，强化 Python 中面向对象、循环、迭代、递归等思想的运用实践，使学生在编程中潜移默化地理解计算思维。

本书配备的信息资源包括第一部分计算机基础操作实验的解答微视频、实验素材等，以及第二部分 Python 综合设计实验中的 Python 程序源代码，涉及的模块、素材、小软件等，可在中国铁道出版社教育资源数字化平台 http://www.tdpress.com/51eds/ 下载。

本书由周钢、李永杰任主编，郭晖、祁薇、吕海燕、杨健、郭巧驰任副主编。李瑛、崔良中主审。参与编写的有谢茜、黄颖、黄佳维、刘玉秀、刘海桥、陈灼、覃基伟、张献、刘瑜、姜丹、王辉、徐海鸥、张思萌、王婧文。

本书的编写过程中得到了郭福亮教授的倾力指导，以及海军工程大学编写团队的大力支持和各兄弟院校的鼎力相助，在此一并表示感谢。

由于编者水平有限，加之时间仓促，书中难免存在疏漏和不足之处，恳请同行、专家和读者批评指正。读者有任何意见、建议或者在学习的过程中遇到不解的地方，都可以通过邮件与编者进行探讨，也可以通过邮件（电子邮箱：1032864855@qq.com）索取本书的相关资源。

编　者

2022 年 3 月

目录 >>>

第一部分　计算机基础应用实验

第二部分　Python 综合设计实验

第一部分
计算机基础应用实验

第 1 章 信息处理工具——计算机系统

1.1 内容提要

本章讲解计算机的发展历程，以及根据不同的标准对计算机进行不同的分类，并且根据计算机技术的发展和社会的不同需求总结了当前计算机的发展趋势。需要了解计算机系统的组成、基本工作原理、微型计算机的组成，以及计算机的主要技术指标和性能评价；掌握计算机硬件系统、软件系统的基本概念；熟悉微型计算机的组成部件；熟悉 Windows 7 的基本操作。

导学

1.2 实验内容

实验 1 Windows 7 基本操作

1. 实验目的

（1）掌握 Windows 7 的启动和退出。

（2）掌握图标、菜单、窗口、对话框的基本操作。

（3）掌握创建和使用快捷方式的方法。

2. 实验内容

【范例 1】Windows 7 的启动和退出

操作步骤如下：

（1）打开要使用的外用设备。

（2）按下计算机电源开关，系统开始检测内存、硬盘等设备，之后进入 Windows 7 启动过程。

（3）正常启动后，便会看到 Windows 7 的登录界面，选择登录用户，根据屏幕提示输入密码，即可进入 Windows 7 的桌面。

（4）关闭所有打开的窗口。

（5）选择“开始”→“关机”命令，如图 1-1-1 所示，计算机将自动关机。

（6）也可单击“关机”右边的三角按钮选择其他的命令退出 Windows 7 系统。

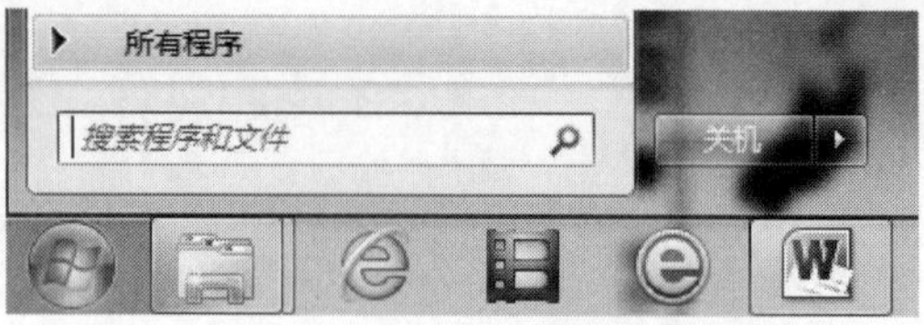

图 1-1-1 “关闭 Windows”操作

【范例 2】窗口的基本操作

操作步骤如下：

（1）打开窗口。双击某一图标可以打开一个窗口。

（2）移动窗口。将鼠标指向标题栏后拖动。当拖动到桌面顶部边缘时，窗口自动变为全屏最大化。

（3）最小化、最大化和关闭窗口。分别单击窗口右上角的“最小化”按钮、“最大化”按钮和“关闭”按钮。

（4）还原窗口。当窗口最大化以后，“最大化”按钮变成“还原”按钮，此时单击该按钮可还原窗口。

（5）浏览窗口信息。当窗口内不能显示所有信息时，会出现垂直滚动条或水平滚动条，此时拖动滚动条或单击滚动按钮可以浏览信息。

【范例 3】任务栏的操作

操作步骤如下：

（1）向任务栏中添加工具。右击任务栏的空白处，在弹出的快捷菜单中选择“工具栏”命令，选择要添加的工具（如选择“地址”）或单击“新建工具栏”按钮。

（2）向任务栏中添加快速启动图标。选定某应用程序图标（如图标），拖到任务栏的快速启动区域（同时会出现提示“附到任务栏”，表示添加到任务栏上），释放鼠标即可；如果需要去掉某个快速启动图标，则右击图标，在弹出的快捷菜单中选择“将此程序从任务栏解锁”命令。

（3）调整任务栏高度。将鼠标指针移到任务栏的边界上，上下拖动鼠标即可。

（4）改变任务栏位置。将鼠标指针指向任务栏的空白位置，拖动鼠标到屏幕的上部、左部或右部即可。

【范例 4】创建快捷方式图标

以创建 Word 快捷方式图标为例，操作步骤如下：

（1）选择“开始”→“所有程序”→“Office 2016”命令，右击“Office Word 2016”命令，弹出快捷菜单。

（2）执行“发送到”→“桌面快捷方式”命令即可。

3. 实战练习

【练习 1】在“计算机”窗口中双击 D 盘，执行下列操作：

（1）以“列表”方式显示 D 盘中的文件和文件夹。

（2）对 D 盘中文件和文件夹按“类型”重新排列。

（3）关闭窗口下方的“状态栏”，再将其显示出来。

【练习 2】按照下列要求设置文件夹选项：

（1）显示已知文件类型的扩展名。

（2）显示所有的文件和文件夹。

（3）在标题栏显示完整路径。

【练习 3】为 Windows 7 的“画图”程序建立桌面快捷方式，然后将该快捷方式删除到回收站中，再恢复，最后将“画图”程序的快捷方式直接从磁盘上彻底删除。

实验 2　Windows 7 的文件管理

1. 实验目的

Windows 7的文件管理

（1）掌握文件和文件夹的创建、移动、复制、删除、恢复、重命名和查找功能。

（2）了解文件的属性，能查阅和设置文件属性。

（3）会设置文件夹的打开方式。

（4）会设置文件的查看属性。

2. 实验内容

【范例 1】改变文件和文件夹的显示方式，文件和文件夹的选定与撤销

操作步骤如下：

（1）改变文件和文件夹的显示方式。

① 打开“计算机”窗口。

② 选择“查看”菜单或工具栏中的 按钮，选择“超大图标”“大图标”“中等图标”“小图标”“列表”“详细信息”“平铺”“内容”等命令，可以选择文件和文件夹的显示方式，如图 1–1–2 所示。

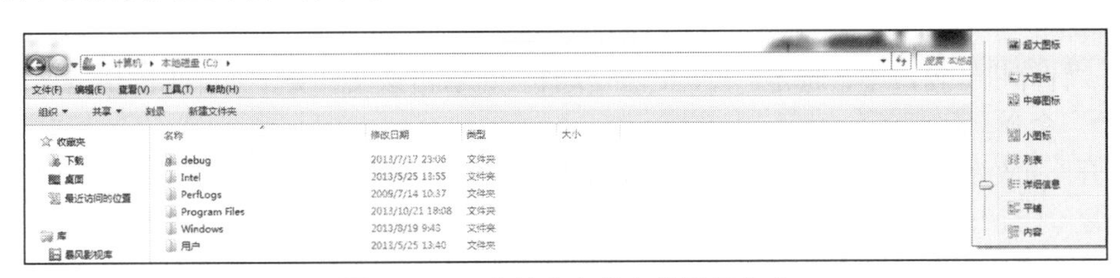

图 1–1–2　文件和文件夹的显示方式

（2）文件和文件夹的选定与撤销。

① 选定单个对象。单击要选定的对象。

② 选定连续的多个对象。先单击要选定的第一个对象，按住 Shift 键，再单击最后一个要选定的对象。

③ 选定不连续的多个对象。先按住 Ctrl 键，再依次单击要选定的各个对象。

④ 框选对象。在选定区域中拖出一个虚框线，释放鼠标后虚框线中的所有文件被选定。

⑤ 选定所有对象。选择“编辑”→“全部选定”命令或者按 Ctrl+A 组合键。

⑥ 选定已选定对象之外的其他文件。选择“编辑”→“反向选择”命令。

⑦ 撤销一项选定。按住 Ctrl 键，单击要取消的项。

⑧ 撤销所有选定。在已选定文件之外的任意位置处单击。

【范例 2】创建新文件夹，复制、移动文件和文件夹

在 D 盘中创建图 1–1–3 所示的文件夹。将“D:\ 张三 \ 个人资料 \ 歌曲”文件夹移到“D:\ 张三 \ 公司资料”文件夹中，并将“D:\ 张三”文件夹复制到“E:\”根文件夹下（说明：文件的复制和移动操作与文件夹类似）。

图 1–1–3　创建的文件夹

操作步骤如下：

（1）创建新文件夹。

① 打开“计算机”窗口，单击导航窗格中的 D 盘图标。

② 右击右窗格中的空白处，在弹出的快捷菜单中选择“新建”→“文件夹”命令，输入“张三”，按 Enter 键。

③ 单击导航窗格中的“张三”或双击右窗格中的“张三”。

④ 重复步骤②和③直至 4 个文件夹均创建完成。

（2）复制、移动文件和文件夹。

① 在“个人资料”文件夹中，右击“歌曲”文件夹，在弹出的快捷菜单中选择“剪切”命令。

② 右击“公司资料”文件夹，在弹出的快捷菜单中选择“粘贴”命令。

③ 右击“张三”文件夹，在弹出的快捷菜单中选择“复制”命令。

④ 右击“E:\”，在弹出的快捷菜单中选择“粘贴”命令。

【范例 3】文件和文件夹的删除、恢复、彻底删除、重命名操作

（1）将“E:\ 张三”文件夹删除。

（2）将回收站中的“E:\ 张三”文件夹恢复。

（3）将“E:\ 张三”文件夹彻底删除。

（4）重命名文件和文件夹。

操作步骤如下：

（1）在“计算机”窗口中，选定“E:\ 张三”文件夹，右击该文件夹，在弹出的快捷菜单中选择“删除”命令。

（2）打开“回收站”窗口，右击“E:\ 张三”文件夹，在弹出的快捷菜单中选择“还原”命令。

（3）重复（1）的步骤右击“回收站”图标，在弹出的快捷菜单中选择“清空回收站”命令。

（4）右击文件，在弹出的快捷菜单中选择“重命名”命令，或者双击文件名，输入新的文件名后按 Enter 键。

【范例 4】查找文件和文件夹，设置文件和文件夹的属性，设置文件的打开方式，设置文件的查看属性

（1）在本机中查找扩展名为 .jpg 的图片文件。

（2）将“D:\ 张三 \ 个人资料”文件夹的属性设置为“只读”和“隐藏”。

（3）要求在浏览文件夹时，单击该对象便可在不同的窗口中打开文件夹。

（4）要求隐藏已知文件类型的扩展名和在标题栏显示文件的完整路径。

操作步骤如下：

（1）打开“计算机”窗口，在地址栏中单击计算机，确保当前打开位置为整个计算机资源，如图 1-1-4 所示。

（2）在搜索框中输入全部或部分文件名，这里输入“*.jpg”，Windows 7 快速搜索满足条件的文件。

（3）右击“D:\ 张三 \ 个人资料”文件夹，在弹出的快捷菜单中选择“属性”命令，弹出“属性”对话框。在该对话框中，勾选“只读”“隐藏”复选框，单击“确定”按钮。

图 1-1-4 “计算机”窗口

（4）在“计算机”窗口中，选择“工具”→“文件夹选项”命令，弹出如图 1-1-5（a）所示的对话框。在“浏览文件夹”区域中，选中“在不同窗口中打开不同的文件夹”单选按钮。在“打开项目的方式”区域中，

选中“通过单击打开项目（指向时选定）”单选按钮，单击“确定”按钮。

（5）在“文件夹选项”对话框中选择“查看”选项卡，如图 1-1-5（b）所示。然后在“高级设置”列表框中，勾选“隐藏已知文件类型的扩展名”和“在标题栏显示完整路径”复选框，单击“确定”按钮。

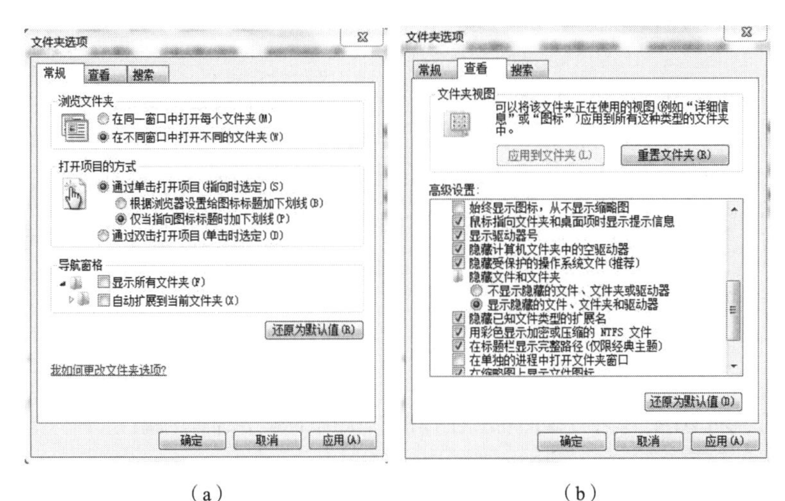

（a）　　　　　　　　　（b）

图 1-1-5　设置文件夹选项

3. 实战练习

【练习 1】 打开资源管理器，浏览 D 盘中各文件夹的内容，设置显示 D 盘中内容的详细信息，并按照修改日期从近到远显示。

【练习 2】 在 D 盘建立两个文件夹 Test1 和 Test2，在 E 盘建立一个文件夹 Test3，在 Test1 中建立一个 Word 文件 w1.doc、一个文本文件 t1.txt。使用鼠标拖动的方式将 w1.doc 分别复制到 Test2 和 Test3 文件夹中。使用快捷键将 t1.txt 移动到 Test2 文件夹中。

【练习 3】 将 D:\Test2\w1.doc 更名为 w2.doc，然后将其删除，再恢复刚刚删除的文件。

【练习 4】 在桌面上建立 D:\Test3\w1.doc 的快捷方式，然后再将该快捷方式从磁盘上彻底删除。

实验 3　磁盘管理与维护

磁盘管理与维护

1. 实验目的

（1）熟悉查看硬盘属性的方法。

（2）熟悉“磁盘检查”工具的使用。

（3）熟悉“磁盘碎片整理”工具的使用。

（4）掌握“磁盘清理”工具的使用。

（5）了解“磁盘格式化”工具的使用。

2. 实验内容

【范例 1】 查看硬盘属性和设置硬盘名称

操作步骤如下：

（1）打开“计算机”窗口，右击C盘图标，在弹出的快捷菜单中选择“属性”命令。

（2）在弹出对话框的“常规”选项卡中可以看到磁盘空间的使用信息。

（3）在文本框中输入“Windows 7”。

（4）单击“确定”按钮即为硬盘命名。

【范例2】检查并修复磁盘错误

操作步骤如下：

（1）在“计算机”窗口中，右击C盘图标，在弹出的快捷菜单中选择“属性”命令，弹出“属性”对话框。

（2）选择“工具”选项卡，单击“开始检查”按钮，弹出“检查磁盘”对话框。

（3）在其中勾选“自动修复文件系统错误”和“扫描并试图恢复坏扇区”复选框，单击“开始”按钮。

（4）磁盘检查完成，单击“确定”按钮。

【范例3】磁盘碎片整理

操作步骤如下：

（1）在“计算机”窗口中，右击C盘图标，在弹出的快捷菜单中选择“属性”命令，弹出“属性”对话框。

（2）选择“工具”选项卡，单击“立即进行碎片整理”按钮，打开“磁盘碎片整理程序”窗口，如图1-1-6所示。

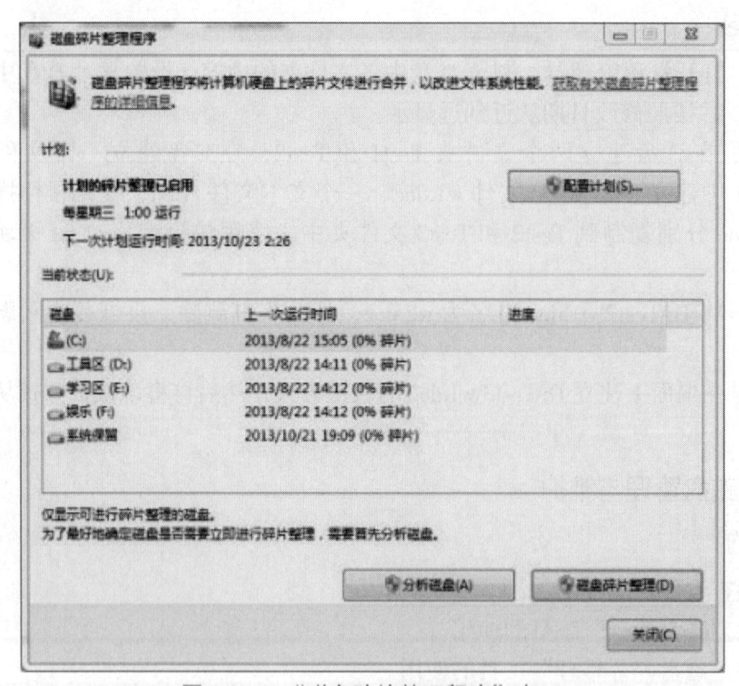

图1-1-6 “磁盘碎片整理程序”窗口

（3）分别选定C盘和D盘，单击“分析磁盘”按钮，对不同的磁盘进行分析后会显示相应的碎片比例。

【范例4】磁盘清理

操作步骤如下：

（1）选择“开始”→“所有程序”→“附件”→“系统工具”→“磁盘清理”命令，弹出如图 1–1–7 所示的对话框。

（2）在其中选择要清理的驱动器（如 C 盘），单击“确定”按钮，弹出如图 1–1–8 所示的对话框。

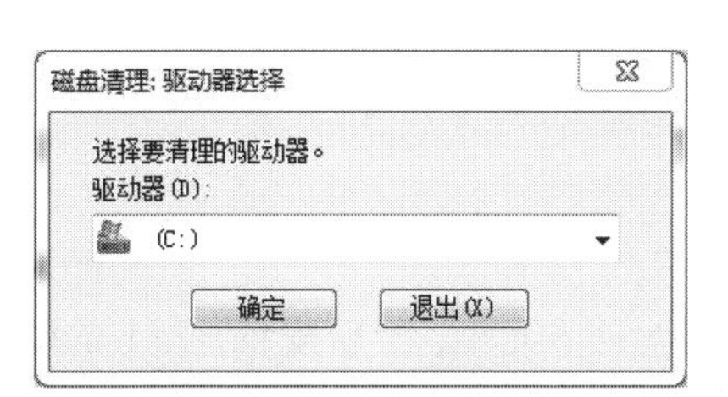

图 1–1–7　“磁盘清理：驱动器选择”对话框

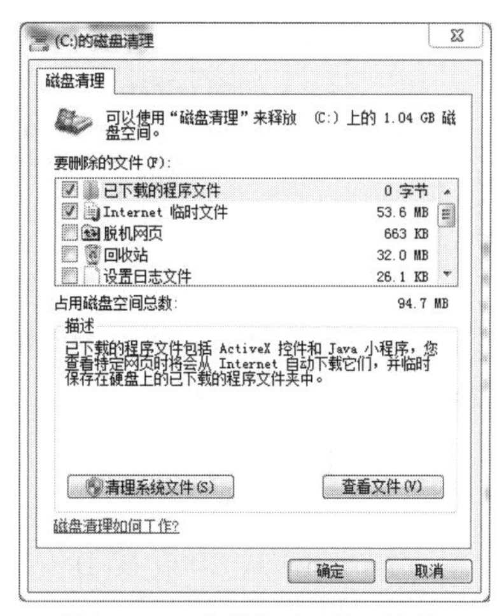

图 1–1–8　“磁盘清理”对话框

（3）勾选要删除的文件，单击“确定”按钮。

【范例 5】格式化磁盘

以格式化 U 盘为例，操作步骤如下：

（1）在 USB 接口上插入要格式化的 U 盘。

（2）在“计算机”窗口中，右击可移动硬盘图标，在弹出的快捷菜单中选择“格式化”命令，弹出如图 1–1–9 所示的对话框。

（3）单击“开始”按钮，开始格式化，格式化完毕时会出现如图 1–1–10 所示的对话框。

图 1–1–9　“格式化”对话框

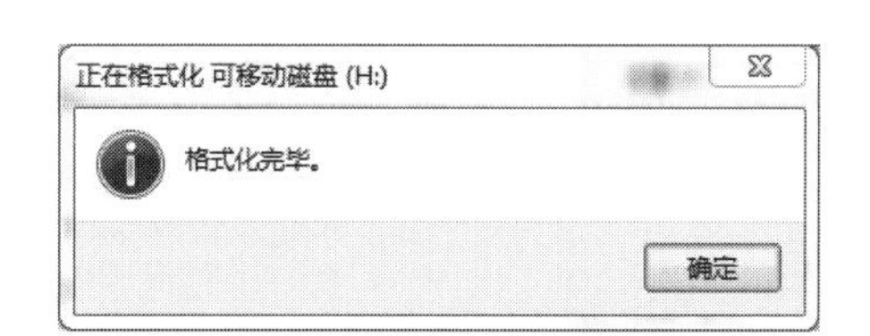

图 1–1–10　格式化完成对话框

（4）单击“确定”按钮。

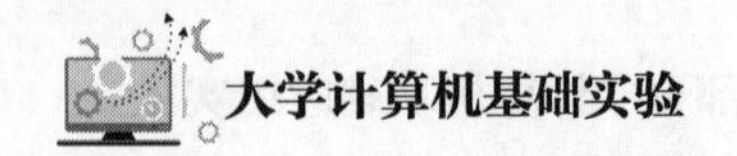

3. 实战练习

【练习 1】查看并设置系统的虚拟内存。

【练习 2】设置系统还原，还原盘设置为 D 盘。

4. 思考题

（1）经过格式化的涉密硬盘能否连接互联网?

（2）如何查看硬盘的 ID（序列号）?

实验 4　控制面板的常用操作

控制面板的常用操作

1. 实验目的

（1）掌握添加 / 删除程序的方法。

（2）掌握设置显示属性的方法。

2. 实验内容

【范例 1】添加程序

以从光盘中添加为例，操作步骤如下：

（1）从 CD 或 DVD 安装程序：将光盘插入光驱，然后按照屏幕上的说明操作。系统提示输入管理员密码或进行确认。

（2）从 CD 或 DVD 安装的许多程序会自动启动程序的安装向导。在这种情况下，将显示“自动播放”对话框，然后可以选择运行该向导。

（3）如果程序不开始安装，请检查程序附带的信息。该信息可能会提供手动安装该程序的说明。如果无法访问该信息，还可以浏览整张光盘，然后打开程序的安装文件（文件名通常为 Setup.exe 或 Install.exe）。

【范例 2】删除程序

操作步骤如下：

（1）选择“开始”→“控制面板”命令，打开“控制面板”窗口。

（2）单击“程序”超链接，打开如图 1-1-11 所示的窗口。

（3）单击“程序和功能”组下的“卸载程序”超链接。

（4）在窗口的列表中选定要删除的程序。

（5）单击“卸载”按钮，即可将已经安装的程序从 Windows 7 中彻底卸载。

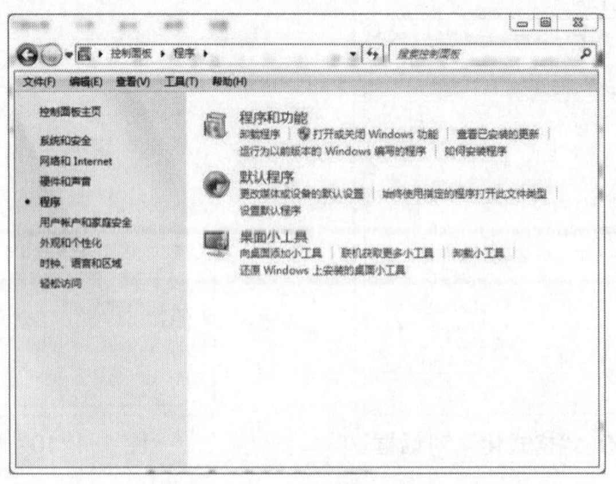

图 1-1-11 “程序”窗口

【范例 3】设置显示器的分辨率

操作步骤如下：

（1）在“控制面板”窗口中，单击“外观和个性化”组下的“调整屏幕分辨率”超链接，打开图 1–1–12 所示的窗口。

（2）单击“分辨率”下拉按钮，可以选择合适的分辨率。

（3）单击“应用”按钮后还可以继续进行其他参数的设置。

图 1–1–12 “屏幕分辨率”窗口

【范例 4】设置桌面背景

操作步骤如下：

（1）在“控制面板”窗口中，单击“外观和个性化”组下的“更改桌面背景”超链接，打开图 1–1–13 所示的窗口。

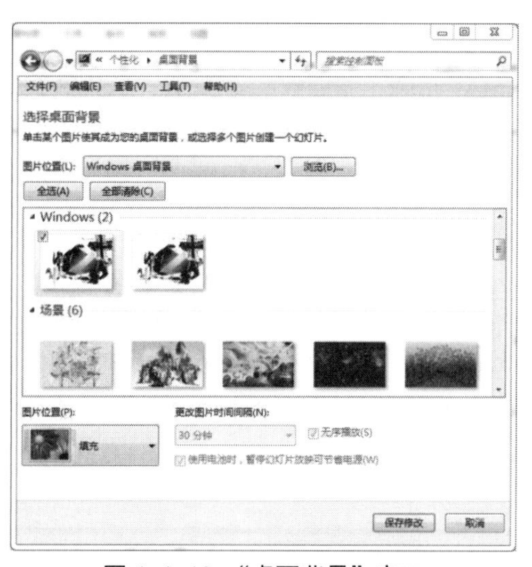

图 1–1–13 “桌面背景”窗口

（2）在第一个“图片位置”下拉列表中选择喜欢的图片（也可以单击“浏览”按钮从磁盘中选择图片作为墙纸）。

（3）在第二个“图片位置”下拉列表框中选择一种图片展示方式。

（4）单击“保存修改”按钮。

【范例 5】设置屏幕保护

操作步骤如下：

（1）在桌面上右击，在弹出的快捷菜单中选择“个性化”命令，在打开的“个性化”窗口中单击“屏幕保护程序”超链接，弹出如图 1-1-14 所示的对话框。

（2）在“屏幕保护程序”下拉列表中选择喜欢的屏幕保护程序，其余参数可以根据需要进行设置。

（3）单击“应用”按钮。

（4）单击“确定”按钮可以保存设置并关闭对话框。

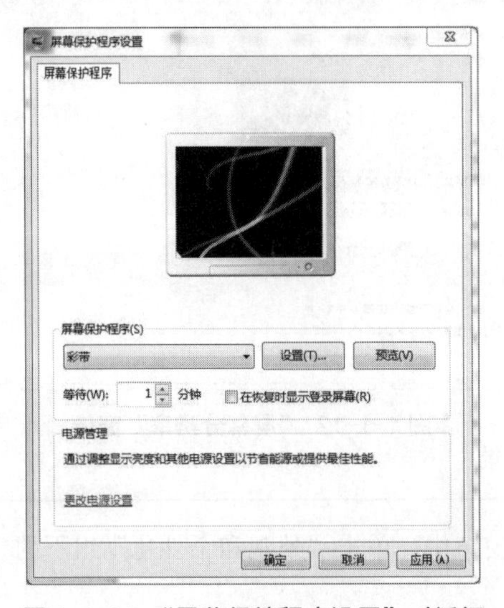

图 1-1-14 “屏幕保护程序设置”对话框

3. 实战练习

【练习 1】在“画图”程序中绘制一幅图片，将其设置为桌面背景，并把它拉伸到整个桌面。

【练习 2】选用“气泡”作为屏幕保护程序，等待时间为 5 min。

【练习 3】查看屏幕分辨率。

4. 思考题

（1）文件的概念是什么？如何定义文件名和文件扩展名？

（2）文件夹的概念是什么？文件在 Windows 7 中是以什么形式组织的？

（3）为什么要使用“控制面板”中的“添加 / 删除程序”工具来安装和卸载应用程序？

（4）可以对磁盘进行哪些管理操作？这些管理工具各有什么作用？

第 2 章 办公自动化技术

2.1 内容提要

在办公自动化中，掌握文档的基本编辑与排版。掌握 Word 表格制作；掌握图文混排；掌握 Word 综合练习；熟悉 Excel 基本操作；掌握 Excel 图表制作；掌握 Excel 的数据处理和综合练习；熟练掌握 PowerPoint 的基本操作；掌握办公自动化技术中的 PowerPoint 高级应用。

办公自动化基础操作中的面向对象思维

在探讨计算机办公软件的使用中，我们也尝试以面向对象的视角去研究和看待这些基本操作。

2.2 实验内容

实验 5 文档的录入及基本编辑

文档的录入与基本编辑

1. 实验目的

（1）掌握 Word 文档的建立、保存与打开及合并方法。

（2）掌握文本的剪切、复制和粘贴操作。

（3）掌握项目符号的插入方法。

（4）掌握文本的查找和替换操作。

2. 实验内容

【范例 1】 Word 文档的建立

启动 Word 2016，输入样张 2-1 所示的文本内容，以 W1.docx 为文件名保存在 D:\Word 文件夹中，然后关闭该文档。

样张 2-1

并非所有的花卉都适合摆在室内，同样也不是所有适合室内的花卉都能平安越冬。以下介绍几种适宜冬季室内种植的“名角儿”。

[吊兰]

有“空气过滤器”的美誉。据分析，一盆吊兰一昼夜可将室内的一氧化碳、二氧化硫等有害气体基本吸收干净。吊兰又名折鹤兰，叶片似兰，形态雅致，性喜温湿，适宜温度为15～20℃，对土壤要求不高，是典型的卧室花卉。

[龟背竹]

纤美秀丽，淡雅脱俗，置于书房，平添几分风情与生机。龟背竹不但能吸收有害气体，还能释放出杀灭细菌的气体，对感冒、伤寒等疾病有意想不到的预防功效。龟背竹随性喜温湿环境，但浇水不宜过多，且畏旱畏寒，室温尽量不要低于10℃。

[文竹]

茎粗壮，节棱似竹，适合在相对开阔的客厅。文竹有易栽培、易繁殖、易管理的特点，喜欢富含腐殖质的沙壤土。其页面上散布的椭圆形孔洞和裂痕，对甲醛等有害气体能很好的吸收。

操作步骤如下：

（1）单击“开始”按钮，选择“开始”→“所有程序”→“Office 2016”→“Word 2016”命令，启动Word应用程序，打开Word文字处理软件窗口。

（2）选择一种中文输入方法，在Word窗口中的编辑区输入样张2-1中的内容。

（3）输入完成后，选择“文件”→“保存”或“文件”→“另存为”命令，将文件保存在指定的位置（D:\Word文件夹。如果此文件夹不存在，可以在“另存为”对话框中创建此文件夹），并以W1为文件名命名。

（4）选择“文件”→“退出”命令，关闭应用程序窗口。

【范例2】文档的合并

（1）新建Word文档，输入样张2-2所示的内容，以W2.docx为文件名保存在D:\Word文件夹中，然后关闭该文档。

（2）将文档W2.docx插入到文档W1.docx后面。

样张 2-2

[仙人掌]

最显著的功效是吸收计算机辐射，为搁置计算机桌上的首选。金琥乃仙人掌科中的佼佼者，茎球有棱，刺座较大，针刺金黄色，能24小时放氧。管理起来极为省心，只要确保越冬温度在15℃以上，几日喷洒一次水雾便可。

另外，月季、百合、茉莉、芦荟、虎尾兰、绿萝等也是净化室内空气较佳的越冬植物。

操作步骤如下：

（1）按“范例1”的操作步骤创建文档W2.docx。

（2）启动Word应用程序，并打开文档W1.docx。

（3）在文档W1.docx的编辑窗口，将插入点的位置定位在文档的末尾，单击“插入”→“对象”→“文件中的文字”按钮，在“插入文件”对话框中选择文件W2.docx，单击“确定”按钮完成插入文件操作。

【范例3】文档编辑操作

打开文档W1.docx，完成下列操作。

（1）输入标题“冬季花卉之‘选秀’”。

（2）将文中小标题“龟背竹”与“文竹”的段落进行交换。

（3）删除仙人掌内容后的一段文字。

（4）在4个小标题“吊兰”“文竹”“龟背竹”“仙人掌”前分别插入特殊符号●。

（5）将龟背竹一段的“龟背竹”文字，替换成“文竹”。

（6）将 W1.docx 文档以文件名 W1_back.docx 为文件名保存在“我的文档”中。

操作步骤如下：

（1）打开“计算机”或“资源管理器”窗口，找到文档 W1.docx 并双击该文件，启动 Word 并打开文档。

（2）将光标移至文档首行的行首并单击，使插入点处于文档的起始位置，按 Enter 键，这样就在文档的首行前插入了一空行。

（3）将插入点切换到空行行首，输入标题“冬季花卉之‘选秀’”。

（4）通过选定、复制、移动、删除、剪切等基本操作，完成问题（2）和问题（3）。

① 选定：在要选定的字符前单击并按住鼠标左键拖动。

② 复制：选定字符后，单击“开始”选项卡中的“复制”按钮，将插入点移至目标位置，然后单击“粘贴”按钮即可。

③ 剪切：选定字符后，单击“开始”选项卡中的“剪切”按钮，删除最后一段。

④ 移动：选定字符后，先进行“剪切”操作，然后再在目标位置进行“粘贴”。此外，也可将鼠标指针指向选中的部分，并按住左键将其拖动到指定位置。

对于这些基本编辑操作，均需先“选定”，然后才能进行其他各种操作。此外，这些操作也可以通过右击，在弹出的快捷菜单中实现。

（5）插入项目符号。将插入点移至目标位置，然后在“插入”选项卡中单击“符号”组“符号”下拉列表中的“其他符号”按钮，在弹出的对话框中单击需要输入的项目符号●，如图 1–2–1 所示。

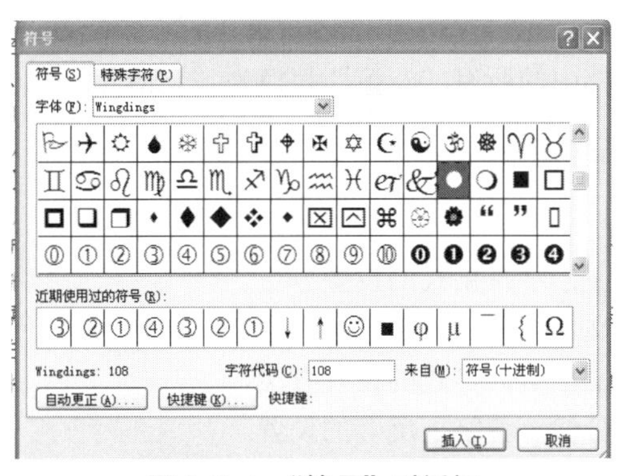

图 1–2–1 “符号”对话框

（6）选中文字后，单击“开始”选项卡中的“替换”按钮，在弹出“查找和替换”对话框中，输入查找内容为“龟背竹”，要替换的内容为“文竹”，然后单击“全部替换”按钮，如图 1–2–2 所示。

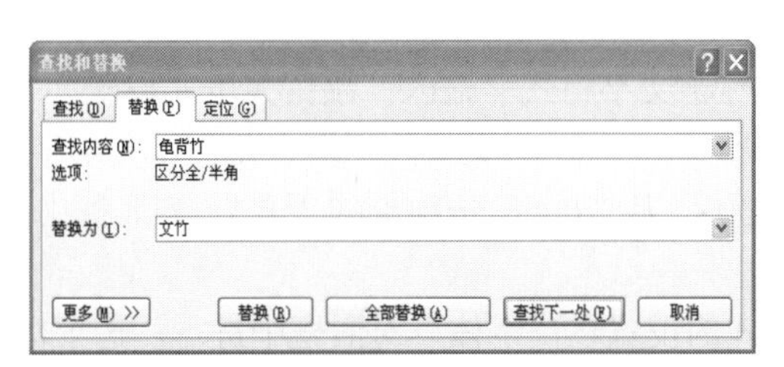

图 1–2–2 “查找和替换”对话框

（7）选择“文件”→“另存为”命令，弹出“另存为”对话框，选择“保存位置”为“我的文档”，并输入文件名 W1_back.docx，将修改后的文档保存在指定的文件夹中。

3. 实战练习

【练习 1】建立一个名为 Wx1.docx 的 Word 文档，将其保存在 D:\Word 文件夹中，内容如样张 2–3 所示。

样张 2-3

冰心说：“爱在左，同情在右，走在生命的两旁，随时撒种，随时开花，将这一径长途，点缀得香花弥漫，使穿枝拂叶的行人，踏着荆棘，不觉得痛苦，有泪可落，却不是悲凉。”

这爱情，这友谊，再加上一份亲情，便一定可以使你的生命之树翠绿茂盛，无论是阳光下，还是风雨里，都可以闪耀出一种读之即在的光荣了。

亲情是一种深度，友谊是一种广度，而爱情则是一种纯度。

亲情是一种没有条件、不求回报的阳光沐浴；友谊是一种浩荡宏大、可以随时安然栖息的理解堤岸；而爱情则是一种神秘无边、可以使歌至忘情泪至潇洒的心灵照耀。

体验了亲情的深度，领略了友谊的广度，拥有了爱情的纯度，这样的人生，才称得上是名副其实的人生。

【练习 2】打开建立的 Wx1.docx 文档，完成下列操作：

（1）在正文前插入标题“领悟人生”，然后保存文档。

（2）在文档 Wx1.docx 中，将文档的第 3 段与第 4 段合并为 1 个段落。

（3）将 Wx1.docx 文档中第 2 段与第 3 段互换位置。

（4）将文档中的所有“友谊”替换为“友情”。

实验 6　文档的排版

文档的排版（1）

1. 实验目的

（1）掌握文档字符格式的设置方法。

（2）掌握文档段落格式的设置方法。

（3）掌握文档页面格式的设置方法。

（4）掌握分栏、首字下沉等的设置。

2. 实验内容

【范例 1】 字符格式和段落格式的设置

按样张 2–4 的格式对文档 Wx1.docx 格式化，格式化后的文档另存为 W3.docx。

操作步骤如下：

打开前面已建立的文档 Wx1.docx，另存为 W3.docx。

（1）设置标题文字格式。输入“领悟人生”设置为“标题 2”样式并居中，将标题中的文字设置为二号、华文新魏字体、蓝色、文字字符间距为加宽 4 磅。

① 选定标题后，从“开始”选项卡的“样式”列表框中选择“标题 2”，再单击“居中”按钮▤。

② 文字格式的设置在“字体”对话框中进行。选定标题，单击“开始”选项卡“字体”组的对话框启动器按钮，弹出“字体”对话框，如图 1–2–3 所示。

样张 2-4

领 悟 人 生

冰心说："爱在左，同情在右，走在生命的两旁，随时撒种，随时开花，将这一径长途，点缀得香花弥漫，使穿枝拂叶的行人，踏着荆棘，不觉得痛苦，有泪可落，却不是悲凉。"

这爱情，这友情，再加上一份亲情，便一定可以使你的生命之树翠绿茂盛，无论是阳光下，还是风雨里，都可以闪耀出一种读之即在的光荣了。

亲情是一种深度，友情是一种广度，而爱情则是一种纯度。

亲情是一种没有条件、不求回报的阳光沐浴；友情是一种浩荡宏大、可以随时安然栖息的理解堤岸；而爱情则是一种神秘无边、可以使歇至忘情泪至潇洒的心灵照耀。

体验了亲情的深度，领略了友情的广度，拥有了爱情的纯度，这样的人生，才称得上是名副其实的人生。

③ 设置字体、字号、颜色等选项后，单击"确定"按钮完成文字格式设置。

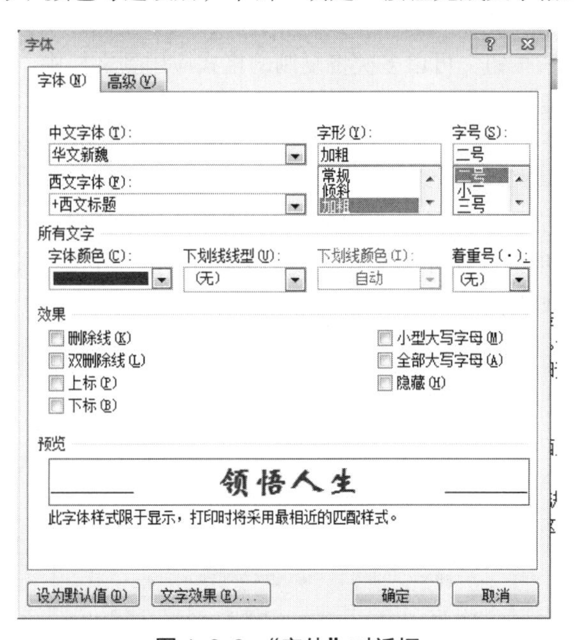

图 1-2-3 "字体"对话框

（2）进行文字格式设置。将第 1 段正文中的文字字体设置为仿宋、加粗、四号；将第 3 段文字加双波浪下划线，下划线颜色为绿色。

选中第 1 段文字后，利用"开始"选项卡的"字体"组完成第 1 段文字格式设置，如图 1-2-4 所示。文字格式的设置也可以在"字体"对话框中进行。

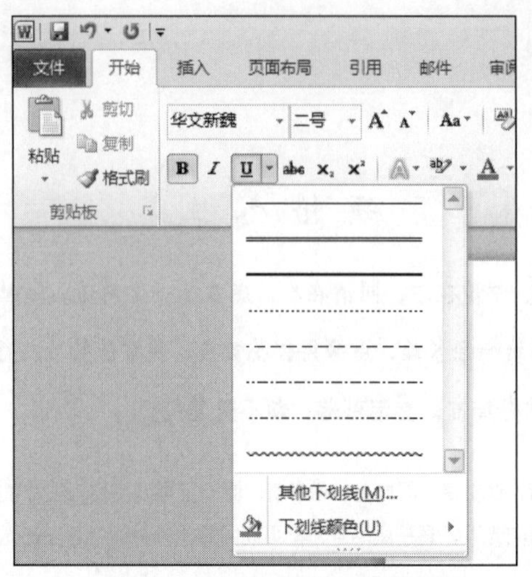

图 1-2-4 “字体”工具栏

（3）利用“开始”选项卡中的“格式刷”按钮，将第 3 段文字的格式复制到文档的最后 1 段。

① 选中要复制的样本（第 3 段），单击或双击“开始”工具栏上的“格式刷”按钮，鼠标指针变成格式刷形状，将格式刷形状的鼠标在要设置格式的文字（文档中最后 1 段）上拖动，该段落的格式就会复制成功。

② 选中样本段落后，单击“格式刷”按钮，样本格式被复制一次后，格式刷的格式复制自动取消；双击“格式刷”按钮，可以多次将复制的格式应用到文档中，当应用完成后，再单击格式刷按钮，取消格式复制功能。

（4）段落设置格式。将第 2 段正文中的文字设置为宋体、小四号，段前及段后间距均设置为 1 行，首行缩进 2 字符，左右各缩进 1 字符，行距为 1.5 倍行距。

① 选定设置格式的文字后，利用“字体”组设置宋体、小四号。

② 单击“开始”选项卡“段落”组的对话框启动器按钮，弹出“段落”对话框，设置段间距、行距、缩进等，如图 1-2-5 所示。

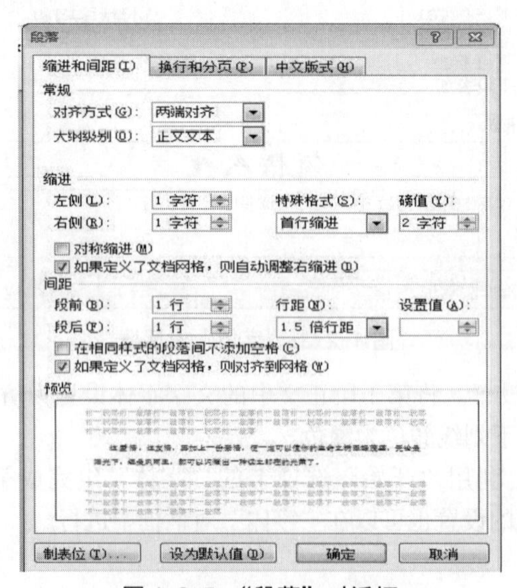

图 1-2-5 “段落”对话框

③ 单击“确定”按钮后，完成段落格式设置。

可以利用标尺来实现段落的各类缩进，标尺上提供了左缩进、右缩进、首行缩进和悬挂缩进 4 种方式，拖动相应的按钮就会实现缩进功能。排版完成后的效果，如样张 2–4 所示。

【范例 2】页面格式的设置

（1）设置页眉和页脚。设置页眉内容为“人生三味”，仿宋体、五号、两端对齐。设置页脚内容为系统日期，右对齐。换行后，继续设置页脚为“本文档第 1 页”，左对齐，页眉页脚各为 3.5 cm。

（2）页面设置为“16 开”纸型、左右边距各为 3 cm。

（3）保存文件为 W4.docx。

操作步骤如下：

打开前面已建立的文档 W3.docx，另存为文档 W4.docx。

（1）单击“插入”选项卡“页眉和页脚”组中的“页眉”按钮。

（2）在弹出的下拉列表中选择“空白”选项，在页眉区输入内容“人生三味”，并设置仿宋、五号、两端对齐。

（3）单击“页脚”按钮，在弹出的下拉列表中单击“编辑页脚”按钮，弹出如图 1–2–6 所示的选项卡，单击“日期和时间”按钮插入系统日期，设置右对齐。

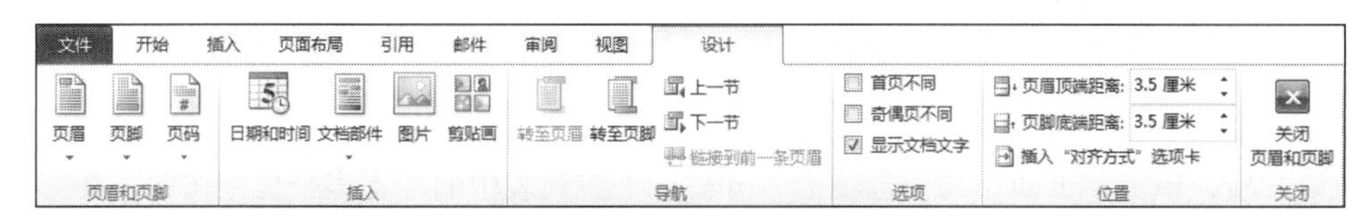

图 1–2–6　“页眉和页脚”工具栏

（4）换行后，输入“本文档第页”，其中的页码通过“页眉和页脚”组中“页码”下拉列表中的“当前位置”来实现。

（5）在“位置”组中，设置页眉、页脚距边界 3.5 cm。设置完成后，单击“关闭页眉和页脚”按钮，结束页眉和页脚编辑状态。

（6）选择“页面布局”选项卡，如图 1–2–7 所示。

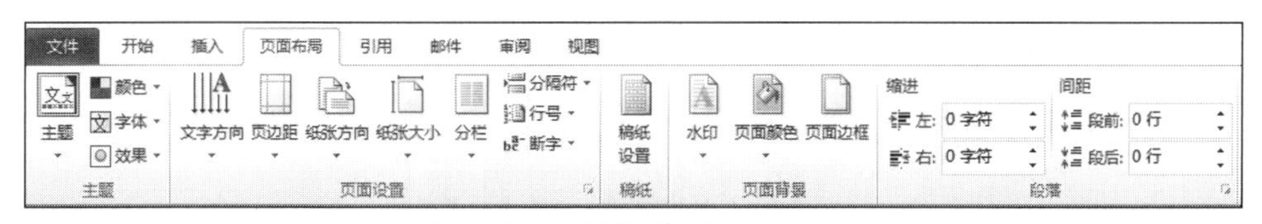

图 1–2–7　“页面布局”工具栏

① 在“纸张大小”下拉列表中选择纸张大小为 16 开。

② 在“页边距”下拉列表中，设置左右边距各 3 cm。

（7）完成设置，保存文档。

【范例 3】特殊格式的设置

（1）边框和底纹。为标题添加 10% 的底纹和 1.5 磅的阴影边框。

（2）分栏。将文章第 2 段文字分为偏左两栏，第 1 栏宽为 14 字符，第 2 栏宽为 18 字符，中间加分隔线。

（3）首字下沉。将第 1 段第一个字首字下沉 3 行。

文档的排版（2）

操作步骤如下：

（1）打开 W4.docx，选中标题，在“开始”选项卡的“段落”组中单击 ⊞ - 按钮，在出现的下拉列表中单击“边框和底纹”按钮，在弹出对话框的“边框”选项卡中设置 1.5 磅阴影边框，如图 1-2-8 所示。在“底纹”选项卡中设置 10% 底纹。

图 1-2-8 “边框”选项卡

（2）设置分栏。

① 选中第 2 段，单击“页面布局”选项卡“分栏”下拉列表中的“更多分栏”按钮，在弹出的对话框中设置“栏数”“栏宽”“间距”，勾选“分隔线”复选框，取消勾选“栏宽相等”复选框，如图 1-2-9 所示。

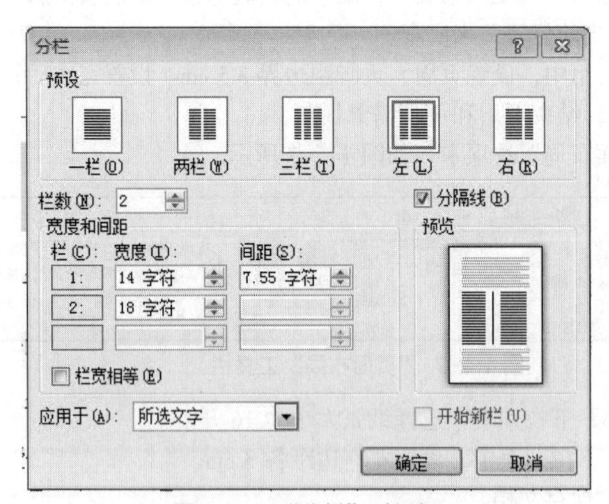

图 1-2-9 “分栏”对话框

② 单击“确定”按钮，完成分栏操作。

（3）首字下沉。

选中第 1 段第一个字“冰”，单击“插入”选项卡“文本”组中的“首字下沉”按钮，在弹出的下拉列表中单击“首字下沉”选项按钮，弹出“首字下沉”对话框，设置下沉行数为 3，如图 1-2-10 所示。完成操作后的结果如样张 2-5 所示。

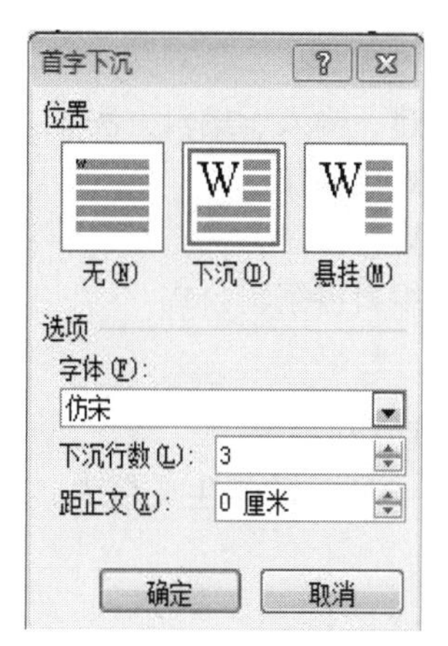

图 1-2-10 “首字下沉”对话框

样张 2-5

领 悟 人 生

心说：“爱在左，同情在右，走在生命的两旁，随时撒种，随时开花，将这一径长途，点缀得香花弥漫，使穿枝拂叶的行人，踏着荆棘，不觉得痛苦，有泪可落，却不是悲凉。”

这爱情，这友情，再加上一份亲情，便一定可以使你的生命之树翠绿茂盛，无论是阳光下，还是风雨里，都可以闪耀出一种读之即在的光荣了。

亲情是一种深度，友情是一种广度，而爱情则是一种纯度。

亲情是一种没有条件、不求回报的阳光沐浴；友情是一种浩荡宏大、可以随时安然栖息的理解堤岸；而爱情则是一种神秘无边、可以使歌至忘情泪至潇洒的心灵照耀。

体验了亲情的深度，领略了友情的广度，拥有了爱情的纯度，这样的人生，才称得上是名副其实的人生。

3. 实战练习

【练习】打开实验素材中已建立的文档 Wx2.docx，另存为 Wx3.docx，完成下列操作。

（1）格式化标题“方兴未艾的第四传媒”，要求设置华文隶书字体、二号字、加粗、居中、加字符底纹。

（2）设置第 1、第 3 段为小四号字，行间距 18 磅。

（3）将第 3 段进行首字下沉 3 行。

（4）将后 3 段的文字加粗，加上小四号绿色“书本”项目符号。

（5）为标题中的“方兴未艾的第四传媒”加入脚注“作者叶平”。

表格处理

实验 7　表格处理

1. 实验目的

（1）掌握表格的创建、输入、编辑方法。

（2）掌握表格的格式化操作。

（3）掌握表格的计算、排序方法。

（4）学会使用公式编辑器编辑公式。

2. 实验内容

【范例 1】表格的建立和编辑

（1）建立如样张 2-6 所示的学生成绩表，将其保存在 D :\Word 文件夹中，文件名为 W31.docx。

样张 2-6

姓　名	数　学	英　语	物　理	C 语言
陆一鸣	90	87	78	71
王霞	80	92	75	67
张皓	88	86	83	65
孙磊	81	77	89	73

（2）插入行和列。在表格右端插入 1 列，列标题分别为 “总分”，在表格最后 1 行后增加 1 行，行标题为“平均分”。

（3）调整行高和列宽。将表格第 1 行的行高调整为最小值 1.2 cm，将表格“总分”列的列宽调整为 2.0 cm。

操作步骤如下：

（1）单击“插入”选项卡“表格”下拉列表中的“插入表格”按钮，弹出“插入表格”对话框，设置“行数”为 5，“列数”为 5，如图 1-2-11 所示。单击“确定”按钮，完成建立表格的操作。

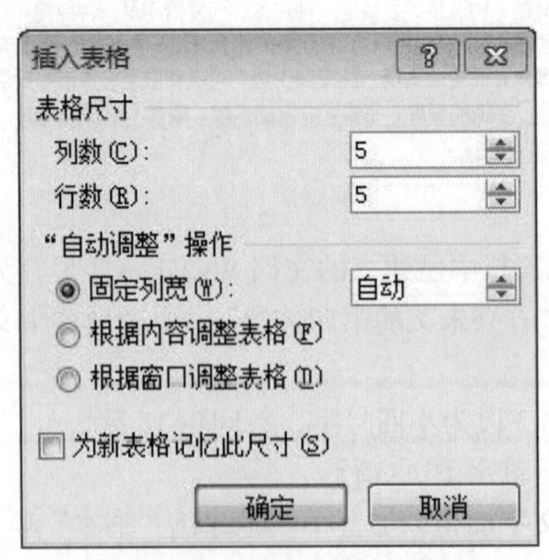

图 1-2-11 “插入表格”对话框

（2）单击单元格，在表格中输入相应的内容。

（3）在表格的右端插入 1 列，列标题为“总分”。将插入点置于“C 语言”所在列的任一单元格中，单击“表格工具/布局”选项卡中的“在右侧插入”按钮，在新出现的新列中，输入列标题“总分”。

（4）在表格最后1行后增加1行，行标题为“平均分”。将插入点置于表格的最后1行中，单击“表格工具/布局”选项卡中的“在下方插入”按钮，在出现的新行中，输入行标题“平均分”。

（5）将表格第1行的行高调整为最小值1.2 cm，将表格“总分”列的列宽调整为2.0 cm。选择表格第1行，然后单击“表格工具/布局”选项卡中的“属性”按钮，弹出“表格属性”对话框，在“表格属性”对话框的“行”选项卡中，勾选“指定高度”复选框，将高度改为1.2 cm，如图1-2-12所示。类似的，设置“总分”列宽为2.0 cm。

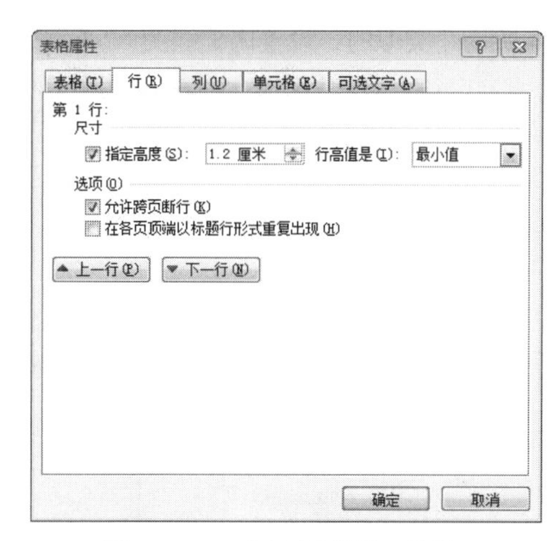

图1-2-12　“表格属性”对话框

（6）拖动鼠标，适当调整各列的列宽，编辑完成后的表格如样张2-7所示。

样张2-7

姓　名	数　学	英　语	物　理	C语言	总分
陆一鸣	90	87	78	71	
王霞	80	92	75	67	
张皓	88	86	83	65	
孙磊	81	77	89	73	
平均分					

【范例2】表格的格式化，设置文字格式、表格和边框等操作

操作步骤如下：

（1）将表格最后1行的文字格式设置为加粗、倾斜。

（2）将表格中所有单元格内容设置为水平居中、垂直居中。

① 使用“表格样式”工具栏可以方便地进行表格的格式化操作，选择“表格工具/设计”命令，将出现“表格样式”工具栏。

② 单击“表格工具”选项卡中的“选择”按钮，在弹出的下拉列表中单击“选择表格”按钮，选中整个表格。单击“水平居中”按钮，如图1-2-13所示，即可设置单元格内容的水平居中。

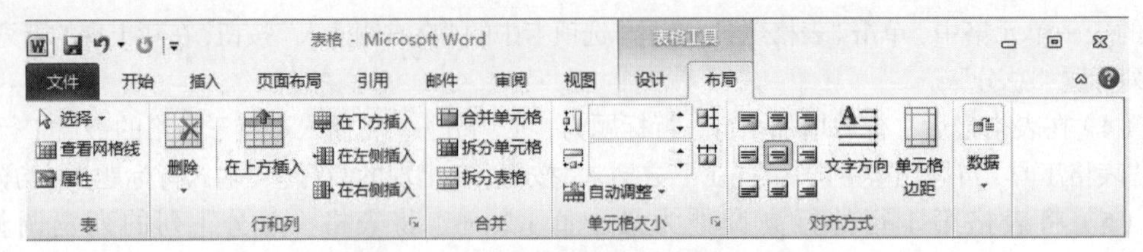

图 1-2-13 设置单元格内容居中对齐

（3）设置表格外边框线为蓝色 1.5 磅的粗线，内框线为 0.5 磅细线。

选定整个表格后，在“设计”选项卡中设置线条颜色为蓝色、线宽 1.5 磅粗线，再单击“外侧边框”按钮，如图 1-2-14 所示。类似的，设置内框线为 0.5 磅细线。

图 1-2-14 设置表格外框线

（4）设置表格第 1 行的底纹图案样式为 12.5%，图案颜色为黄色，最后 1 行为淡紫色。

① 选定表格第 1 行后并右击，在弹出的快捷菜单中选择“边框和底纹”命令，在“边框和底纹”对话框中选择“底纹”选项卡，如图 1-2-15 所示。

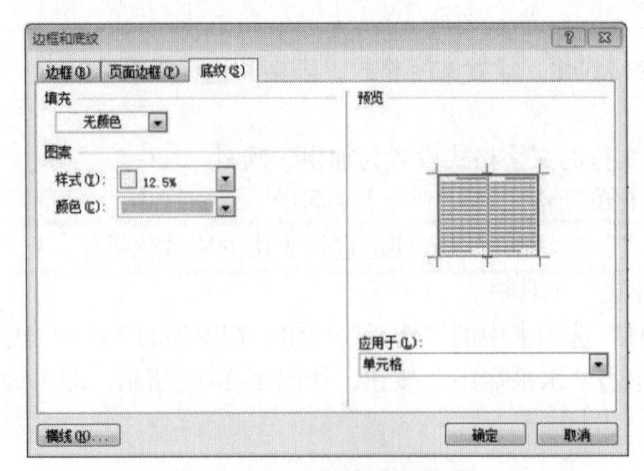

图 1-2-15 “底纹”选项卡

② 单击“确定”按钮，完成底纹设置操作。

【范例 3】表格的排序和计算

操作步骤如下：

（1）将表格中的数据排序。首先按照数学成绩从高到低，然后再按照“C 语言”成绩从高到低进行排序。

① 将插入点置于表格中，单击“布局”选项卡中的“排序”按钮，弹出“排序”对话框，如图 1-2-16 所示。

② 单击“确定”按钮，完成排序操作，结果如样张 2-8 所示。

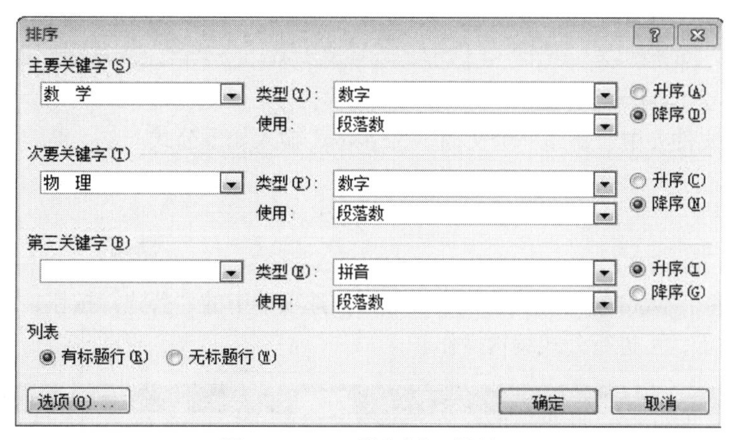

图 1-2-16　“排序”对话框

（2）计算每个学生的总分和平均分。

① 将插入点置于第 1 个要计算总分的单元格中，单击“布局”选项卡中的“公式”按钮，在“公式”对话框中将插入点定位于公示栏的“=”后面，在“粘贴函数”下拉列表中选择总分函数“SUM”，删去公式后面的空括号及“SUM”函数，保留原来的（LEFT），如图 1-2-17 所示。

图 1-2-17　“公式”对话框

② 单击“确定”按钮，完成平均分的计算。

③ 类似的，可以计算其他行的总分。

计算各科的平均分选择“AVERAGE”函数，操作过程同上。

（3）为表格增加标题行“学生成绩表”，格式为黑体、加粗、小三号、居中、双下划线，字符间距加宽为 4 磅。

如果表格位于文档第一行，可以将插入点置于表格左上角的单元格中，然后按 Enter 键，即可在表格前插入一行。制作完成后的结果，如样张 2-8 所示。

样张 2-8

学 生 成 绩 表

姓 名	数 学	英 语	物 理	C 语言	总分
陆一鸣	90	87	78	71	326
张皓	88	86	83	65	322
孙磊	81	77	89	73	320
王霞	80	92	75	67	314
平均分	***84.75***	***85.5***	***81.25***	***69***	

【范例 4】公式编辑器的使用

在 D:\Word 文件夹中，新建一个文档 W32.docx，输入如下公式。

$$\phi(x)=\frac{1}{2}\int_0^x e^{-t}dt$$

操作步骤如下：

（1）新建一个 Word 空白文档，单击“插入”选项卡中的“公式”按钮，出现如图 1-2-18 所示的设计选项卡，可进行公式编辑操作。

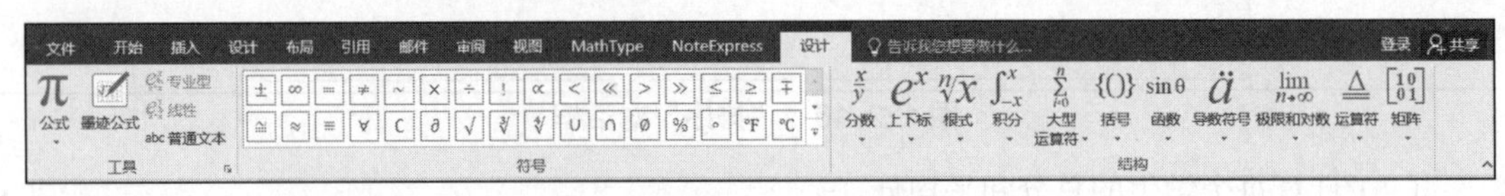

图 1-2-18 “公式”选项卡

（2）进行公式编辑操作。

① 插入希腊字母 ϕ。单击“符号”组中的希腊字母 ϕ，再从键盘输入“(x)=”。

② 插入分式 $\frac{1}{2}$。单击“分数”按钮，选择分式符号，在分子、分母位置分别输入“1”“2”。

③ 插入积分符号 $\int_0^x$。将插入点定位在整个分式的右侧，单击“积分”按钮选择积分符号 $\int$，在积分符号的上、下方分别输入“x”和“0”。

④ 插入上标 e^{-t}。将插入点定位到积分符号的右侧，输入“e”，单击“上下标”按钮，选择此图标，输入上标“–t”。

⑤ 将插入定位到 e^{-t} 的右侧，输入“dt”。在公式编辑区之外单击完成公式的输入。

（3）保存文档，文件名为 W32.docx。

3. 实战练习

【练习 1】新建一个 4 行 5 列的表格，如样张 2-9 所示，将文件保存在 D:\Word 文件夹中，文件夹名为 Wx4.docx。

（1）添加标题“一季度产品销量统计”，宋体、4 号、居中。

（2）增加“合计”行和“平均”行，“合计”行的底纹为“浅绿色”，“平均”行的底纹为“浅黄色”，并计算出“合计”和“平均”。

（3）设置表格第 1 行和第 1 列的文字水平、垂直均居中；表格的外框为“0.5 磅双线”；表格第 1 行的下线为 2.25 磅粗线；表格相对于页面水平居中。

样张 2-9

一季度产品销量统计

销量 地区 / 月份	西南地区	西北地区	华南地区	华北地区
一月	1500	2000	780	1420
二月	2100	3000	2500	1300
三月	3000	2000	1200	2000
合计				
平均				

【练习 2】表格转换。新建表格，如样张 2–10 所示。将录入的文字转换成 8 列的表格，文字分隔符号为 * 号。表格自动套用格式“流行式”。

样张 2-10

房号*户型*建筑面积*景观*原单价（元/m^2）*一口价单价（元/m^2）*一口价总价（元）*优惠总额（元）
2-3-204*四室二厅二卫*154.36*湖景、楼王*7301*5366*828332*298650
5-3-2901*三室二厅一卫*116.18*双湖景、楼王*7851*5770*670415*241714
6-1-3304*三室二厅一卫*95.41*湖景、园林*7181*5256*501474*180803
6-2-3301*三室二厅一卫*95.64*湖景、园林*7281*5329*509712*183774
6-2-3302*二室二厅一卫*99.46*湖景、园林*7351*5329*530070*191114

【练习 3】输入公式

$$\sin\frac{\beta}{2}=\pm\sqrt{\frac{1-\cos\beta}{2}}$$

实验 8　图文混排

图文混排

1. 实验目的

（1）掌握插入图片、艺术字的方法。

（2）学会利用文本框设计较为复杂的版式。

2. 实验内容

【范例 1】插入艺术字和剪贴画

操作步骤如下：

（1）新建文档 W41.docx，输入如下内容，并将该文件保存在 D:\Word 文件夹中。

冬季花卉之“养生”

室温调控得当，冬季的光照强度减弱，除了有效防冻外，还应让花卉晒暖，每天接受3个小时以上的光照有利于来年的茁壮成长。但并非温度越高越好，大部分花卉进入冬季后便处于休眠或半休眠状态，温度过高，就会有生理活动，乃至叶芽萌生，会将积蓄的能量浪费掉，反而对生长不利，所以温度尽量不要高过10℃。

肥料水分得当。冬季花卉的吸收能力不强，施过多肥料，会伤害根系，使其更加畏寒。水分的蒸发量也减弱，花卉植物在低温情况下生长停滞，过多的水分会使根系呼吸不畅，极易造成根系得病，甚至烂根死亡。冬季花卉需要的肥、水很少，能够维持生命就可以了。

调节空气温度。冬季气候本来就干燥，加上家用空调的使用，使得空气温度降低影响花卉生长。冬季对茉莉、龟背竹、仙人掌类的空气湿度应不低于50%，而吊兰、文竹、石菖蒲等需达到60%以上。湿度不足时，可采用喷水雾的方法来解决。如果家中采暖方式是地暖的，还要注意把花盆放到花架上，以减少地温过高，对盆花造成伤害。

注意防病虫害。冬季花卉易发病大都是真菌病害，如灰霉病、根腐病、疫病等。原因不外乎低温、植株抗寒性下降，所以关键是控制好温度，提高整株抗寒性，必要时以药剂防治为辅。虫害不外乎防介壳虫和蚜虫，早发现早治理即可。

希望在春节一睹花开富贵的朋友，现在养一盆水仙花正是时候。水仙洁白玲珑，淡香优雅，叶姿颖秀，若在爆竹声中悄然绽放，映衬大红喜字福联，真可谓“水仙花绽满堂春，冰肌玉骨裘贵人”！

（2）将大标题“冬季花卉之‘养生’”设为艺术字，艺术字样式为第4行第2列，字体楷体、36磅，如样张2-11所示。

① 选中标题“冬季花卉之‘养生’”，单击“插入”选项卡中的“艺术字”下拉按钮，出现下拉列表，选择需要的艺术字样式。

② 在Word 2016中，选中艺术字，会出现“格式”选项卡，可以对艺术字进行编辑。

（3）将正文第2段和第3段分成偏左两栏显示，间距2字符，中间有分隔线；设置第2段正文首字下沉，下沉行数2行，距正文0 cm。

具体操作参照实验文档的排版。

（4）在正文第5段段首插入剪贴画。设置图片环绕方式为“四周型”，图片大小高度2 cm、宽度3 cm，位置如样张2-11所示。

① 单击“插入”选项卡中的“剪贴画”按钮，在文档的右侧会出现“剪贴画”任务窗格。在“剪贴画”任务窗格中的“搜索文字”栏内，输入“水仙花”，单击“搜索”按钮，在出现的结果中将图片插入右栏中，完成插入剪贴画操作。

② 在Word 2016编辑窗口中选中图片后，会出现“格式”选项卡，在“大小”组中输入高度为2 cm，宽度为3 cm，完成操作。

样张 2-11

冬季花卉之“养生”

室温调控得当，冬季的光照强度减弱，除了有效防冻外，还应让花卉晒暖，每天接受3个小时以上的光照有利于来年的茁壮成长。但并非温度越高越好，大部分花卉进入冬季后便处于休眠或半休眠状态，温度过高，就会有生理活动，乃至叶芽萌生，会将积蓄的能量浪费掉，反而对生长不利，所以温度尽量不要高过10°C。

肥料水分得当。冬季花卉的吸收能力不强，施过多肥料，会伤害根系，使其更加畏寒。水分的蒸发量也减弱，花卉植物在低温情况下生长停滞，过多的水分会使根系呼吸不畅，极易造成根系得病，甚至烂根死亡。冬季花卉需要的肥、水很少，能够维持生命就可以了。

调节空气温度。冬季气候本来就干燥，加上家用空调的使用，使得空气温度降低影响花卉生长。冬季对茉莉、龟背竹、仙人掌类的空气温度应不低于50%，而吊兰、文竹、石菖蒲等需达到60%以上。湿度不足时，可采用喷水雾的方法来解决。如果家中采暖方式是地暖的，还要注意把花盆放到花架上，以减少地温过高，对盆花造成伤害。

注意防病虫害。冬季花卉易发病大都是真菌病害，如灰霉病、根腐病、疫病等。原因不外乎低温、植株抗寒性下降，所以关键是控制好温度，提高整株抗寒性，必要时以药剂防治为辅。虫害不外乎防介壳虫和蚜虫，早发现早治理即可。

希望在春节一睹花开富贵的朋友，现在养一盆水仙花正是时候。水仙洁白玲珑，淡香优雅，叶姿颖秀，若在爆竹声中悄然绽放，映衬大红喜字福联，真可谓“水仙花绽满堂春，冰肌玉骨裘贵人”！

【范例 2】插入文本框

（1）插入竖排文本框，在文本框中输入文字“冬季养花注意事项”，设置为华文彩云字体、小四号、加粗、红色。

（2）设置文本框外框线为 1 磅蓝色“虚实线”线型，在文本框中填充黑色的底纹，将文本框置于文本中间，紧密环绕。

操作步骤如下：

（1）单击“插入”选项卡“文本框”下拉列表中的“绘制竖排文本框”按钮，在文本中间画出竖排文本框，并在文本框中输入汉字，设置字体、字号。

（2）将插入点置于文本框中，出现“格式”选项卡，可进行文本框格式设置。

① 在“形状填充”中设置文本框填充颜色为黑色 25%，透明度为 75%。

② 在“形状轮廓”中设置文本框外框线为 1 磅、蓝色单线线型、虚实线。

③ 在“位置”下拉列表中单击“其他布局选项”按钮，弹出“布局”对话框，如图 1–2–19 所示，设置环绕方式为“紧密型”。

④ 单击“确定”按钮，完成文本框的设置操作。拖动文本框到指定位置，操作结果如样张 2–11 所示。

图 1–2–19 “布局”对话框

3. 实战练习

【练习】在 D:\Word 文件夹中，建立 Wx5.docx，完成样张 2–12 所示的图文混排效果。

样张 2-12

二、彩色图像描述

彩色图像的颜色丰富，具有强烈的视觉冲击力。计算机能够处理的彩色图像必须经过数字化处理，形成数字化彩色图像后，才可以加工、保存、打印输出、提供印刷等。数字化彩色图像有两种颜色模式：RGB 彩色模式和 CMYK 彩色模式。

RGB 彩色模式用于显示和打印输出，该模式的图像有 R（红）、G（绿）、B（蓝）三种基本颜色构成，称之为“RGB 彩色图像”：RGB 这三种基本颜色被称为“三基色”。三基色是组成彩色图像的基本要素，也是全部计算机彩色设备的基色，如彩色显示器、彩色打印机、彩色扫描仪、数字照相机等，都利用三基色原理进行工作。

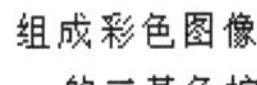

组成彩色图像的三基色按照一定比例混合，可产生无穷多的颜色，用以表达色彩丰富的图像。对于显示器来说，三基色的叠加，将产生如图所示的色彩效果。图中的字母代表三基色和叠加以后得到的颜色，其对应关系如下：

R/红、G/绿、B/蓝、C/青、M/品红、Y/黄、W/白

4. 思考题

（1）保存文件方法有哪些？它们的用法有何区别？如何定时自动保存文件？

（2）给朋友书写一封信，如何使用段落格式对信件内容进行合理排版？

（3）利用表格建立一个个人求职表，如何规划表格？

（4）如何设计不同节的页眉和页脚？

实验 9　Excel 基本操作

1. 实验目的

（1）掌握 Excel 的启动、退出和窗口元素的设置。

（2）掌握 Excel 各种类型数据的输入方法。

（3）掌握公式和常用函数的使用。

（4）掌握工作表的编辑和格式设置。

2. 实验内容

Excel 基本操作（1）

【范例 1】启动 Excel 2016，在工作表 Sheet1 中输入样张 2-13 中所示数据，并以 E1.xlsx 为文件名进行保存

样张 2-13

	A	B	C	D	E	F	G	H
1	学生成绩表							
2	学号	姓名	数学	英语	语文	总分	平均分	总评
3	10611	李明伟	90	86	91			
4		张蕾	76	85	82			
5		刘江	54	77	68			
6		赵亮	83	56	75			
7		王盟	58	69	76			
8	单科最高分							
9	单科不及格人数							

操作步骤如下：

（1）启动 Excel 2016 程序，选择“文件”→“新建”命令，选择“空白工作簿”选项，单击“创建”按钮，新建一个空的格，单击“保存”按钮，在弹出的“另存为”对话框中输入文件名“E1”，单击“保存”按钮。

（2）在工作表 Sheet1 中输入样张 3-1 所示的数据。由于学号按照依次加 1 的顺序排列，在输入时可以利用自动填充功能。首先在 A3 单元格中输入“10611”，然后选中单元格区域 A3，将鼠标指针置于填充柄（即单元格外围黑框右下角的黑色小方块）处，按住鼠标左键，向下拖动到 A7 单元格，然后在填充柄上单击下拉按钮，选择“填充序列”，学号将依次填充。

【范例 2】在“姓名”列后插入一列，输入班级信息

在第 1 行和第 2 行之间插入一行，在 A2 单元格中输入日期，如样张 2-14 所示。

样张 2-14

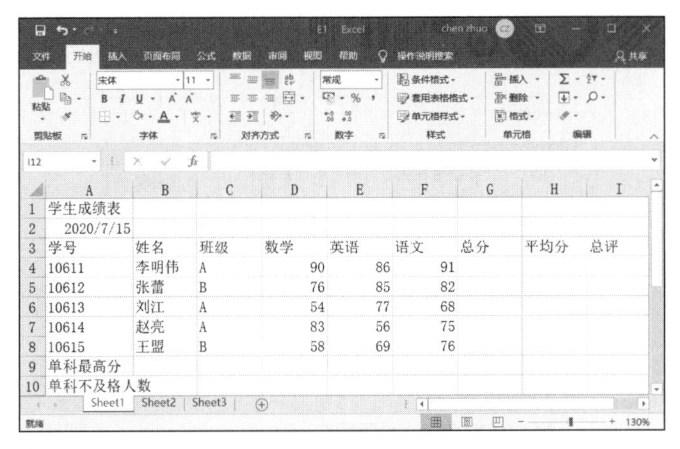

	A	B	C	D	E	F	G	H	I
1	学生成绩表								
2	2020/7/15								
3	学号	姓名	班级	数学	英语	语文	总分	平均分	总评
4	10611	李明伟	A	90	86	91			
5	10612	张蕾	B	76	85	82			
6	10613	刘江	A	54	77	68			
7	10614	赵亮	A	83	56	75			
8	10615	王盟	B	58	69	76			
9	单科最高分								
10	单科不及格人数								

操作步骤如下：

（1）将光标定位在第 3 列的任意单元格上，单击“开始”选项卡中“插入”下拉列表中的“插入单元格”按钮，弹出“插入”对话框，选择“整列”单选按钮，然后输入样张 2–14 中所示的班级信息。

（2）将光标定位在第 2 行的任意单元格上，单击“开始”选项卡中“插入”下拉列表中的“插入单元格”按钮，弹出“插入”对话框，选择“整列”单选按钮，然后在 A2 单元格中输入“2020–7–15”，如样张 2–14 所示。

（3）在输入日期“2020 年 7 月 15 日”时，可以输入“2020–7–15”或“2020/7/15”，系统将自动将其换为日期形式。

【范例 3】在相应的单元格中计算出每个学生的总分、平均分

操作步骤如下：

（1）选中 G4 单元格，然后在“编辑栏”中输入公式“=D4+E4+F4”，按 Enter 键，在 G4 单元格中得到总分“267”。

（2）单击 G4 单元格的填充柄向下拖动，在 G5 到 G8 单元格中自动填充相应的计算结果。

（3）类似地，计算平均分填入相应的单元格中。

Excel 基本操作（2）

【范例 4】利用函数分别计算单科最高分、单科不及格人数和总评

操作步骤如下：

（1）选中 D9 单元格，单击“公式”选项卡中的“插入函数”按钮，弹出“插入函数”对话框，如图 1–2–20 所示。

（2）在“或选择类别”下拉列表中选择函数类别，在“选择函数”列表框中选择要使用的函数，这里选择 MAX 函数，单击“确定”按钮，弹出“函数参数”对话框，如图 1–2–21 所示。

（3）单击“Number1”数据选择框右侧的扩展按钮，然后选择需要求最大值的连续的单元格，如图 1–2–22 所示，数据选择完毕后单击收缩按钮返回。

（4）在“函数参数”对话框中单击“确定”按钮，完成函数的输入，计算结果显示在 D9 单元格中。

（5）使用 COUNTIF 函数分别计算各科不及格人数，输入的函数为

COUNTIF(D4:D8,"<60")。

（6）使用IF函数计算总评，在I4单元格中计算总评时，输入的函数为：IF(H4>=80," 优秀 "," 一般 ")，然后使用自动填充柄填充I5:I8单元格。

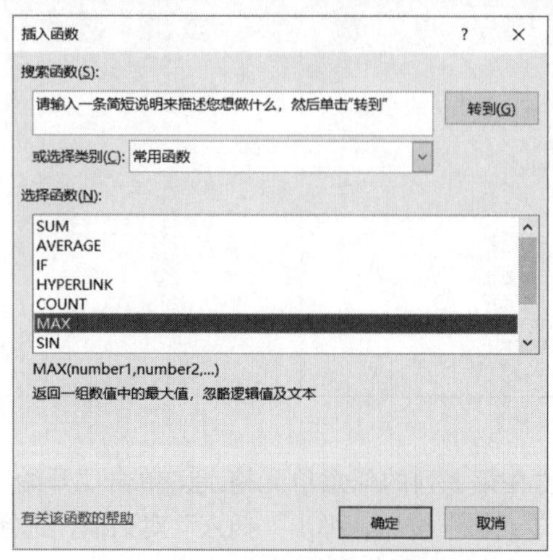

图1-2-20 “插入函数”对话框

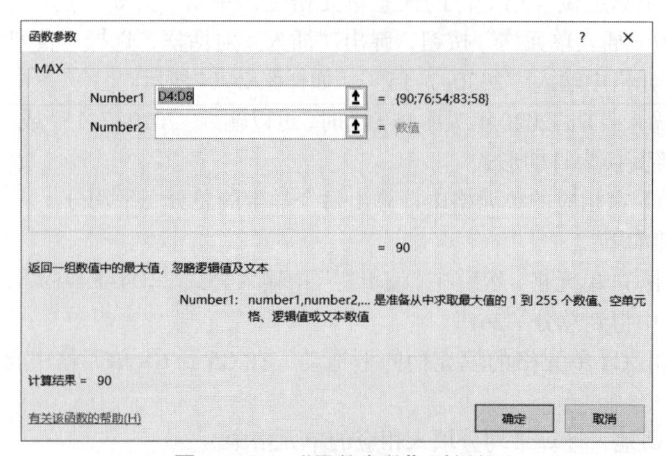

图1-2-21 “函数参数”对话框

图1-2-22 选择计算区域

Excel 基本操作（3）

【范例5】在“人数”后添加一行“百分比”，计算数学分数在“90–100优秀”“80–89良好”“70–79中等”“60–69及格”“0–59不及格”所占百分比

操作步骤如下：

（1）在A13单元格中输入“百分比”。

（2）单击选中B13单元格，在“编辑栏”中输入公式“=B12/H12”，按Enter键，得到计算结果。

（3）利用自动填充功能得到所占百分比。

【范例6】设置“平均分”列保留1位小数，“百分比”行以百分比的形式显示数据，

并保留 2 位小数

设置好的数据格式的工作表，如样张 2-15 所示。

样张 2-15

	A	B	C	D	E	F	G	H	I
1	学生成绩表								
2	2013-7-15								
3	学号	姓名	班级	数学	英语	语文	总分	平均分	总评
4	10611	李明伟	A	90	86	91	267	89.0	优秀
5	10612	张蕾	B	76	85	82	243	81.0	优秀
6	10613	刘江	A	54	77	68	199	66.3	一般
7	10614	赵亮	A	83	56	75	214	71.3	一般
8	10615	王盟	B	58	69	76	203	67.7	一般
9	单科最高分	91							
10	单科不及格人数								
11	数学分数	90-100优秀	80-89良好	70-79中等	60-69及格	0-59不及格			
12	人数	1	1	1	0	2		5	
13	百分比	20.00%	20.00%	20.00%	0.00%	40.00%			

Sheet1　Sheet2　Sheet3

操作步骤如下：

（1）选中单元格 H4:H8，单击“开始”选项卡“数字”组的对话框启动器按钮，弹出“设置单元格格式”对话框，选择“数字”选项卡。

（2）在“分类”列表框中选择“数值”，在“小数位数”微调栏中选择“1”，如图 1-2-23 所示。单击“确定”按钮，完成设置。

（3）选中 B13:F13 单元格区域，用同样的方法打开“设置单元格格式”对话框，选择“数字”选项卡。在“分类”列表框中选择“百分比”，设置小数位数为 2，单击“确定”按钮。

图 1-2-23 “设置单元格格式”对话框

【范例 7】对工作表 Sheet1 中的数据进行编辑和格式化

（1）合并 A1:I1 单元格，设置水平对齐方式为“居中”，垂直对齐方式为“居中”，设置字体为华文隶书、18 号、绿色。

（2）设置“平均分”数据的格式，平均分介于 60 和 70 之间的单元格底纹颜色设置为绿色，介于 70 和 80 之间的单元格底纹颜色为淡紫色，大于 80 分的单元格底纹颜色为橙色。

（3）将 A3:I13 单元格外框线设置为粗实线、黑色，内框线为细实线、金色，“单科最高分”一行的上框设置为红色双实线。

（4）设置第 3 行到第 13 行的行高为 18，设置 A 列到 I 列的列宽为“自动调整列宽”。

格式化完毕后的工作表，如样张 2-16 所示。

样张 2-16

	A	B	C	D	E	F	G	H	I
1	学生成绩表								
2									2013-7-15
3	学号	姓名	班级	数学	英语	语文	总分	平均分	总评
4	10611	李明伟	A	90	86	91	267	89.0	优秀
5	10612	张蕾	B	76	85	82	243	81.0	优秀
6	10613	刘江	A	54	77	68	199	66.3	一般
7	10614	赵亮	A	83	56	75	214	71.3	一般
8	10615	王盟	B	58	69	76	203	67.7	一般
9	单科最高分			90	86	91			
10	单科不及格人数			2	1	0			
11	数学分数	90-100优秀	80-89良好	70-79中等	60-69及格	0-59不及格			
12	人数	1	1	1	0	2		5	
13	百分比	20.00%	20.00%	20.00%	0.00%	40.00%			
14									

Sheet1 Sheet2 Sheet3

操作步骤如下：

（1）选中 A1:I1 单元格区域，单击“开始”选项卡“对齐方式”组的对话框启动器按钮，弹出“设置单元格格式”对话框，选择“对齐”选项卡，在“水平对齐”下拉列表中选择“居中”，在“垂直对齐”下拉列表中选择“居中”，勾选“合并单元格”复选框，如图 1-2-24 所示。利用“字体”选项卡设置文字字体和字号等，设置完毕后单击“确定”按钮。

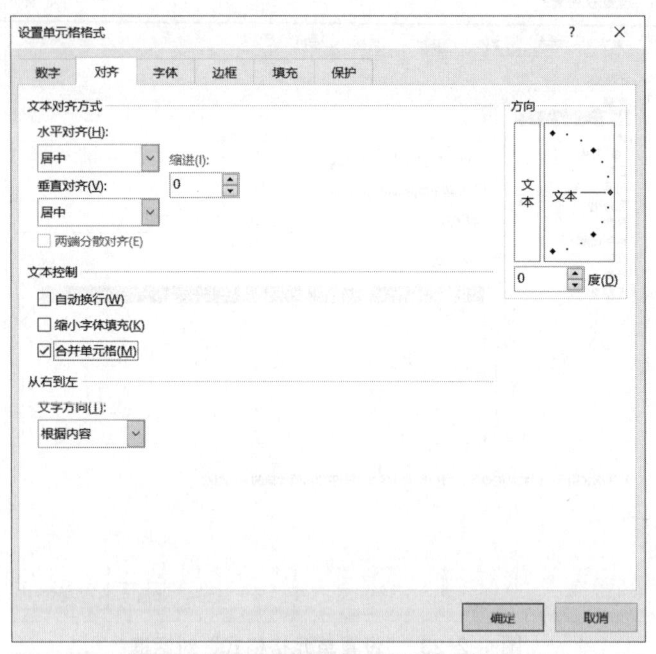

图 1-2-24 “设置单元格格式”对话框

（2）选中 H4:H8 单元格区域，单击“开始”选项卡“条件格式”下拉列表中的“新建规则”按钮，弹出“新建格式规则”对话框，如图 1-2-25 所示。在“选择规则类型”区域中选择只为包含以下内容的单元格设置格式，“在编辑规则说明”区域中按要求选择条件，然后单击“格式”按钮选择颜色，单击“确定”按钮完成操作。

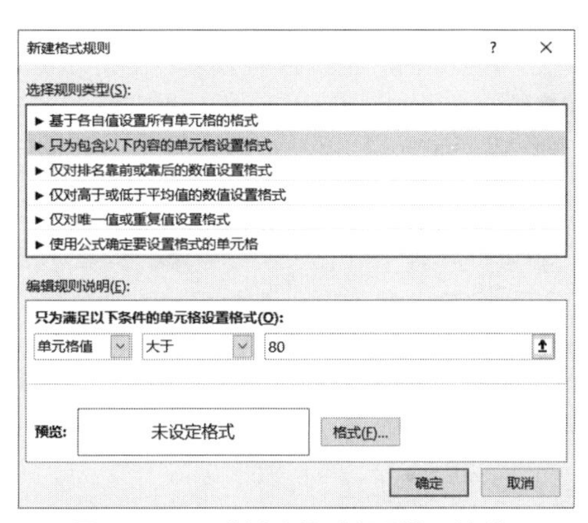

图 1-2-25 “新建格式规则”对话框

（3）添加边框线。

① 选中 A3:I13 单元格区域，用同样的方法打开“设置单元格格式”对话框。

② 选择“边框”选项卡，选择线条样式为粗实线，颜色为黑色，单击“外边框”按钮，然后再选择细实线，颜色为金色，单击“内部”按钮，完成所选区域边框线的设置。

③ 类似的，放置“单科最高分”行的上框线为红色双实线。

（4）设置行高和列宽。

① 选中第 3~13 行，单击“开始”选项卡“格式”下拉列表中的“行高”按钮，在弹出的“行高”对话框中输入“20”，单击“确定”按钮。

② 选中第 A~I 列，单击“开始”选项卡“格式”下拉列表中的“自动调整列宽”按钮，完成设置。

【范例 8】打开工作簿 E1.xlsx，在 Sheet1 和 Sheet2 之间插入一个新的工作表并更名为“总成绩”，然后将 Sheet1 中的学号、姓名、总分数据复制到该工作表中，只复制数值，去掉格式。

操作步骤如下：

（1）在 Sheet2 标签处右击，在弹出的快捷菜单中选择“插入”命令，可以在当前工作表之前插入一个新的工作表。双击新的工作表标签，更名为“总成绩”。

（2）Sheet1 中的学号、姓名直接复制粘贴。复制总分数据时，只复制数值，要单击“开始”选项卡“粘贴”下拉列表中的“粘贴数值”按钮，完成操作。

3. 实战练习

【练习 1】 建立 Excel 工作簿 Ex1.xlsx，在工作表 Sheet1 中输入如样张 2-17 所示的数据，然后执行下列操作：

（1）在第 2 列之前插入一列，输入列标题“订货日期”。在第 2 行之前插入一行，并在 A2 单元格中输入“审核人：王洁”，如样张 2-17 所示。

（2）在 G4:G11 单元格中计算出每笔订单的销售金额，销售金额 = 单价 × 销售量。然后利用函数在 G12 单元格中计算出本月总销售额。

（3）在“销售金额”后添加一列“所占百分比”，计算每笔订单的销售金额在总销售额中所占的百分比。

（4）设置“单价”列和“销售金额”列数据保留 1 位小数，并使用千位分隔符。设置“所占百分比”列以百分比的形式显示数据，并保留 2 位小数。设置好数据格式的工作表。

样张 2-17

	A	B	C	D	E	F	G
1	某公司10月份商品销售情况统计表						
2	审核人：王洁						
3	订单编号	商品名称	订货单位	单价	销售量	销售金额	
4	10010	电视机	A	3500	10		
5	10011	电视机	B	3480	20		
6	10012	电视机	E	3690	5		
7	10013	空调	A	5200	10		
8	10014	微波炉	B	688	20		
9	10015	洗衣机	F	4360	5		
10	10016	洗衣机	C	3900	15		
11	10017	洗衣机	E	4800	10		

【练习 2】打开工作簿 Ex1.xlsx，对工作表 Sheet1 中的数据进行编辑和格式化。

（1）将“订货日期”列移动到“订货单位”和“单价”之间。

（2）将 A2 单元格的内容移到 G2 单元格。

（3）将 A1:H1 单元格合并为一个单元格，设置水平对齐方式为居中，字体为华文彩云、20 号。

（4）适当加宽第 2 行的行高，将第 3 行到第 11 行的行高设置为 20。

（5）给 A3:H11 单元格区域设置边框线，外边框为双实线，内部为细实线。

格式化完毕后的工作表，如样张 2–18 所示。

样张 2-18

	A	B	C	D	E	F	G	H
1	某公司10月份商品销售情况统计表							
2							审核人：王洁	
3	订单编号	商品名称	订货单位	订货日期	单价	销售量	销售金额	所占百分比
4	10010	电视机	A	10月1日	3,500.0	10	35,000.0	11.04%
5	10011	电视机	B	10月1日	3,480.0	20	69,600.0	21.95%
6	10012	电视机	E	10月5日	3,690.0	5	18,450.0	5.82%
7	10013	空调	A	10月14日	5,200.0	10	52,000.0	16.40%
8	10014	微波炉	B	10月16日	688.0	20	13,760.0	4.34%
9	10015	洗衣机	F	10月21日	4,360.0	5	21,800.0	6.87%
10	10016	洗衣机	C	10月28日	3,900.0	15	58,500.0	18.45%
11	10017	洗衣机	E	10月20日	4,800.0	10	48,000.0	15.14%

【练习 3】打开工作簿 Ex1.xls，将工作表 Sheet1 中“订单编号”“商品名称”“订货单位”和“销售量”数据（即 A3：C11 单元格区域以及 F3：F11 单元格区域数据）复制到工作表 Sheet2 中 A1：D9 单元格区域，并清除在 A1：D9 单元格上设置的格式。将工作表 Sheet1 更名为“销售情况表”，将工作表 Sheet2 更名为“销售表”，并将“销售表”移动到“销售情况表”的前面。

图表处理

实验 10 图表处理

1. 实验目的

（1）掌握嵌入式图表和独立图表的创建过程。

（2）掌握图表的编辑方法。

（3）掌握图表的格式化方法。

2. 实验内容

【范例 1】将之前建立的 E1.xlsx 中工作表 Sheet1 中的 A3：G8 单元格区域数据复制到 E2.xlsx 的 Sheet1 工作表中，只复制数值，复制完毕的数据如样张 2-19 所示。

（1）根据学生的姓名以及数学、英语、语文成绩在当前工作表中建立簇状柱形图。

（2）图表标题为“期末成绩表”，设置 X 坐标轴为科目名称。

样张 2-19

	A	B	C	D	E	F	G
1	学号	姓名	班级	数学	英语	语文	总分
2	10611	李明伟	A	90	86	91	267
3	10612	张蕾	B	76	85	82	243
4	10613	刘江	A	54	77	68	199
5	10614	赵亮	A	83	56	75	214
6	10615	王盟	B	58	69	76	203
7							

Sheet1　Sheet2　Sheet3

操作步骤如下：

（1）建立工作表 E2.xlsx，保存文件。

（2）选中作为图表数据源的数据区域 B1：B6 以及 D1：F6，单击“插入”选项卡“柱形图”下拉列表中的“所有图表类型”按钮，弹出“插入图表”对话框，如图 1-2-26 所示，选择柱形图里面的第一个图形，图表会自动插入当前工作表中，如图 1-2-27 所示。

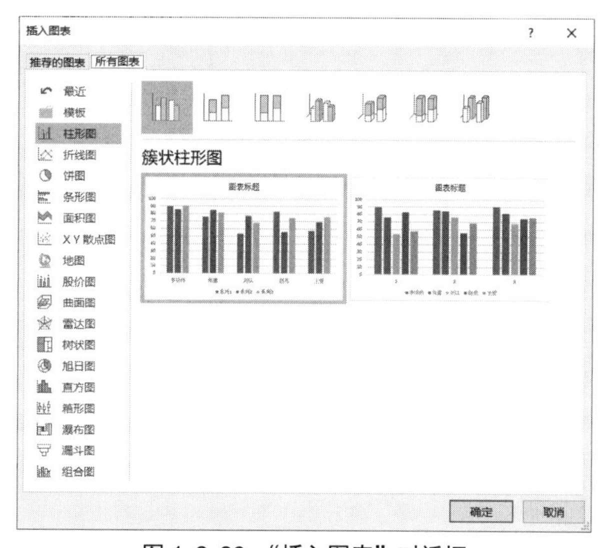

图 1-2-26　“插入图表”对话框

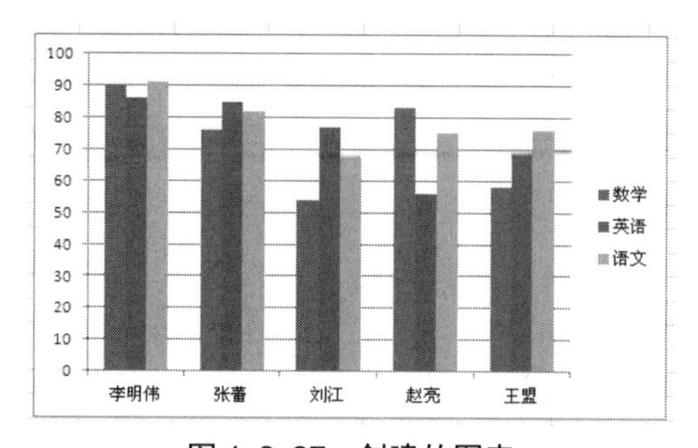

图 1-2-27　创建的图表

（3）选中图表，单击“布局”选项卡“图表标题”下拉列表中的“图表上方”按钮，在图表的上方出现一个编辑窗口，输入“期末成绩表”。

（4）设置X坐标轴为科目名称。选中图表，单击“设计”选项卡中的“切换行列”按钮，完成设置。

（5）在工作表Sheet1中插入创建完毕的结果图表，如图1-2-28所示。

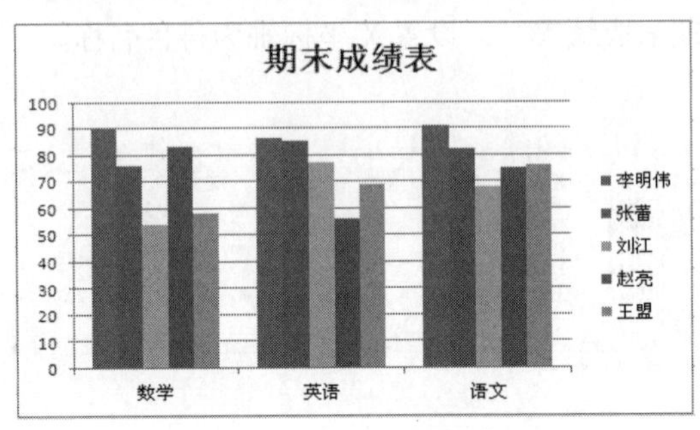

图1-2-28　结果图表

【范例2】对工作表Sheet1中插入的图表

完成如下编辑和格式化操作：

（1）将该表移动、放大到A11：H28单元格区域。

（2）将图表中“张蕾”和“王盟”的数据系列删除。将“刘江”和“赵亮”的数据系列次序对调。

（3）为图表中“李明伟”的数据系列添加以值显示的数据标志。

（4）为图表增加分类轴标题为“科目”，数值轴标题为“成绩”。

（5）将图表标题设置为方正舒体、18号。

（6）将图表区的填充效果设置为新闻纸图案。

操作步骤如下：

（1）将图表移动到A11开始的区域，并拖动图表四周的填充柄放大到H28单元格。

（2）选中图表中的“张蕾”数据系列，在该数据系列上右击，在弹出的快捷菜单中选择“删除系列”命令，将该数据系列删除。类似的，删除“王盟”数据系列。

（3）单击图表中的数据序列，在数据系列上单击右击，在弹出的快捷菜单中选择“选择数据”命令，弹出如图1-2-29所示的对话框。在“图例项”中选择“刘江”，单击向下的按钮或者选择“赵亮”后单击向上的按钮。

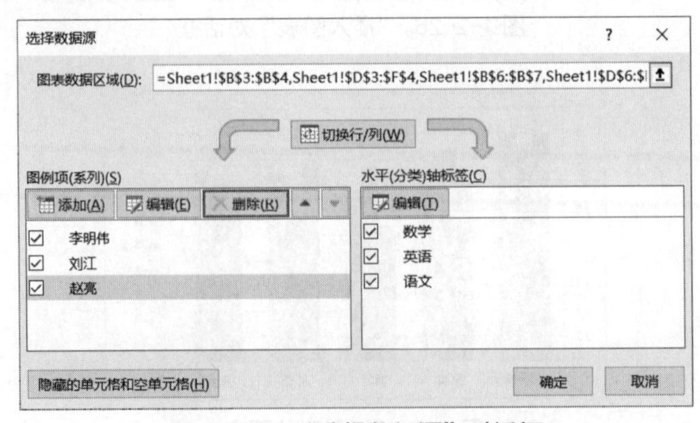

图1-2-29　“选择数据源”对话框

（4）选中“李明伟”数据系列，单击“布局”选项卡“数据标签”下拉列表中的“其他数据标签选项”按钮，弹出“设置数据标签格式”对话框，勾选“标签选项”选项卡，勾选“值”复选框，单击“关闭”按钮。

（5）单击图表，单击“布局”选项卡“坐标轴标题”下拉列表中的“主要横坐标轴标题”→“坐标轴下方标题”按钮，在图表的下方输入“科目”。类似地，完成数值轴标题为“成绩”。

（6）在图表标题上右击，在弹出的快捷菜单中选择“字体”命令，在“字体”对话框中设置字体和字号。

（7）在图表区上右击，在弹出的快捷菜单中选择“设置图表区格式”命令，在弹出的对话框中选择“图片或纹理填充”选项，在“纹理”中选择“新闻纸”。编辑完毕的图表如图 1-2-30 所示。

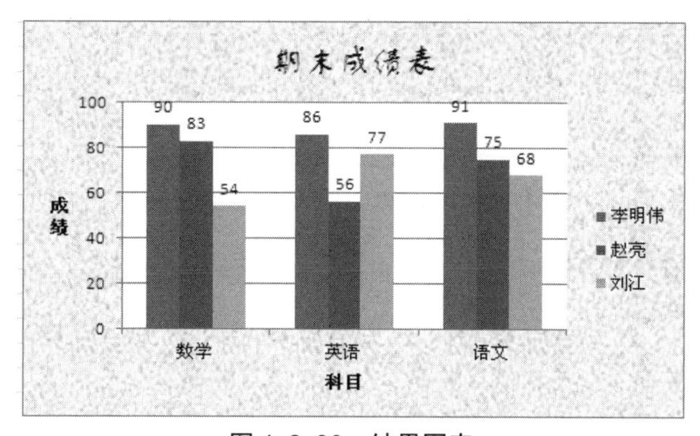

图 1-2-30　结果图表

【范例 3】建立独立图表

（1）根据工作表 Sheet1 中李明伟、张蕾、刘江的姓名及总分数据建立名为“总分”的独立的图表数据表。

（2）图表类型为“分离型三维饼图”，图表标题为“总分”。

操作步骤如下：

（1）选定数据源区域，单击“插入”选项卡“饼图”下拉列表中的“分离型”按钮。

（2）选中已创建的图表，单击“设计”选项卡“移动位置”按钮，在弹出的对话框中选择将图表作为新工作表插入，并设置工作表名称为“总分”，如图 1-2-31 所示。

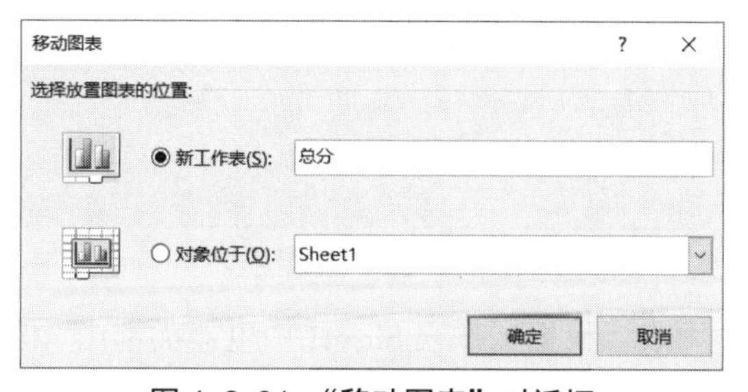

图 1-2-31　“移动图表”对话框

3. 实战练习

【练习 1】建立 Excel 工作簿 Ex2.xlsx，在工作表 Sheet1 中输入某商场一季度各部门商品销售额数据，如样张 2-20 所示，并建立图表。

（1）根据部门编号、一月、二月、三月的销售额数据在当前工作表中建立三维簇状柱形图。

（2）图表标题为“某商场一季度销售情况表”，分类（X）轴标题为“部门”，数值（Z）轴标题为“销售额（万元）”。

样张 2-20

Ex2.xlsx

	A	B	C	D	E	F
1	部门编号	类别	一月	二月	三月	
2	A01	电器	25.0	33.5	52.6	
3	B01	服装	18.0	22.6	35.0	
4	B03	服装	19.0	31.0	36.0	
5	A02	电器	29.8	45.2	55.5	
6	B02	服装	11.3	16.0	26.0	
7	C01	鞋帽	11.0	13.9	18.5	
8	C02	鞋帽	18.4	16.5	15.7	
9						

Sheet1 Sheet2 Sheet3

【练习 2】对工作表 Sheet1 中插入的图表，完成如下编辑和格式化操作。

（1）将该图移动、放大到 A10：G27 单元格区域。

（2）将图表中“三月”的数据系列删除。

（3）为图表中“二月”的数据系列添加以值显示的数据标志。

（4）将数值轴刻度的主要刻度单位更改为 10。

（5）将图表标题设置为黑体、14 号。

（6）将图例设置为阴影边框，并移动到图表区的底部。

（7）将图表区的边框设置为圆角边框。并将图表区的填充效果设置为信纸图案。

编辑完毕的结果如图 1-2-32 所示。

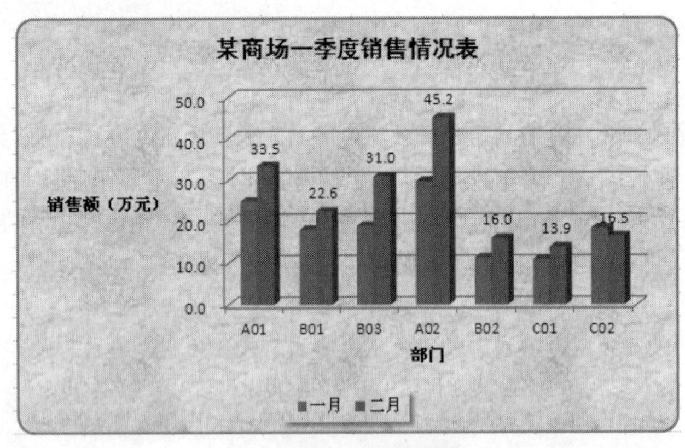

图 1-2-32　结果图表

【练习 3】建立独立图表。根据工作表 Sheet1 中电器类部门 A01、A02 的一月、二月、三月销售额建立名为“电器类”的独立的图表数据表。图表类型为“数据点折线图”，图表标题为“一季度电器类销售情况”，分类（X）轴标题为“月份”，数值（Z）轴标题为“销售额（万元）”。

实验 11　数据管理

1. 实验目的

（1）掌握数据的排序和筛选。

（2）掌握数据的分类汇总。

2. 实验内容

【范例 1】建立 Excel 工作簿 E3.xlsx

（1）将之前建立的 E2.xlsx 中工作表 Sheet1 中的数据复制到 E3.xls 的工作表 Sheet1 中。

（2）对工作表 Sheet1 中的数据按照班级排序，A 班在前，B 班在后，班级相同的再按照总分从高到低排序。

操作步骤如下：

（1）建立工作簿 E3.xlsx。

（2）在 Sheet1 工作表中，选中 A1：G6 单元格区域，单击“开始”选项卡“排序和筛选”下拉列表中的“自定义排序”按钮，弹出“排序”对话框。

（3）在“排序”对话框中，设置主关键字为“班级”、升序，单击“添加条件”按钮，设置次关键字为“总分”、降序。如图 1-2-33 所示，单击“确定”按钮，完成排序。

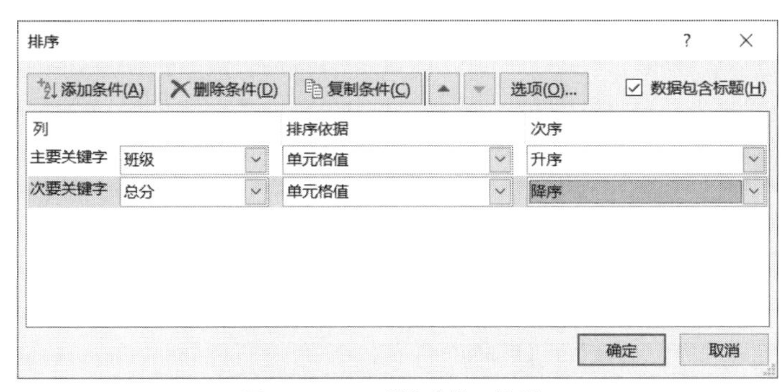

图 1-2-33　“排序”对话框

【范例 2】对工作表 Sheet1 中的数据进行自动筛选，筛选出 A 班学生中语文成绩大于或等于 60，且小于 90 的记录。

操作步骤如下：

（1）在需要进行筛选的数据区域中单击任意一个单元格，单击“数据”选项卡中的“筛选”按钮，在 A1：G1 单元格中出现下拉按钮。

（2）单击“语文”下拉按钮，如图 1-2-34 所示。选择“数字筛选”下的“自定义筛选”，在“自定义自动筛选方式”对话框中设置筛选条件为“大于或等于 60 且小于 90”，如图 1-2-35 所示。自动筛选后的数据，如图 1-2-36 所示。

【范例 3】取消工作表 Sheet1 中的自动筛选，利用高级筛选功能筛选出 A 班数学和语文成绩均大于等于 90 分，或者数学和语文成绩均小于 60 分的学生记录，并将筛选后的结果复制到 A16 开始的单元格区域中。

操作步骤如下：

（1）单击“语文”下拉按钮，选择“从‘语文’中取消筛选”，单击“数据”

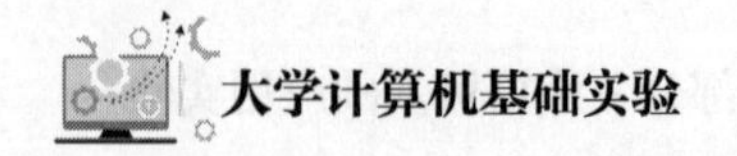

选项卡中的“筛选”按钮，取消自动筛选。

图 1-2-34　选择筛选的数据

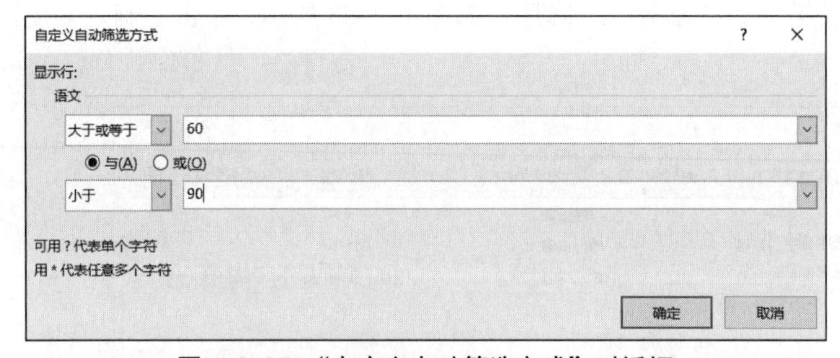

图 1-2-35　“自定义自动筛选方式”对话框

	A	B	C	D	E	F	G
1	学号	姓名	班级	数学	英语	语文	总分
3	10614	赵亮	A	83	56	75	214
4	10613	刘江	A	54	77	68	199
5	10612	张蕾	B	76	85	82	243
6	10615	王盟	B	58	69	76	203

图 1-2-36　自动筛选后的数据

（2）在工作表 Sheet1 中，在 A9：C11 单元格建立条件区域，如图 1-2-37 所示。

	A	B	C	D	E	F	G
1	学号	姓名	班级	数学	英语	语文	总分
2	10611	李明伟	A	90	86	91	267
3	10614	赵亮	A	83	56	75	214
4	10613	刘江	A	54	77	68	199
5	10612	张蕾	B	76	85	82	243
6	10615	王盟	B	58	69	76	203
7							
8							
9	班级	数学	语文				
10	A	>=90	>=90				
11	A	<60	<60				
12							

图 1-2-37　建立条件区域

（3）选中要进行筛选的数据区域中的任一单元格，单击“数据”选项卡中的“高级”按钮，弹出“高级筛选”对话框。

（4）选择“在原有区域显示筛选结果”方式，选择列表区域 A1：G6，选择条件区域 A9：C11，如图 1-2-38 所示，单击“确定”按钮，完成筛选。

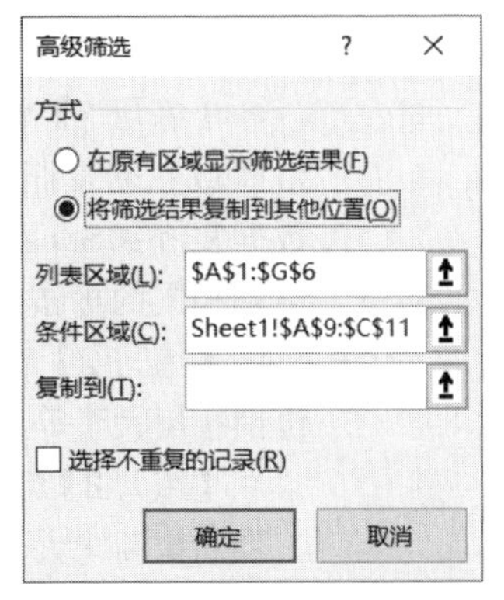

图 1-2-38　“高级筛选”对话框

【范例 4】将工作表 Sheet1 中 A1：G6 单元格区域的数据复制到 Sheet2 中，然后对工作表 Sheet2 中的数据进行分类汇总。汇总出 A 班和 B 班学生各门课程的平均成绩，不包括总分。在原有分类汇总的基础上，再汇总出 A 班和 B 班的人数。

操作步骤如下：

（1）对工作表 Sheet2 中 A1：G6 单元格区域的数据按照分类字段“班级”进行排序。

（2）选中 A1：G6 单元格区域中任一单元格，单击“数据”选项卡中的“分类汇总”按钮，弹出“分类汇总”对话框。

（3）选择分类字段为“班级”，汇总方式为“平均值”，选定汇总项为“数学”“英语”“语文”，如图 1-2-39 所示，单击“确定”按钮，完成分类汇总。分类汇总后的结果如图 1-2-40 所示。

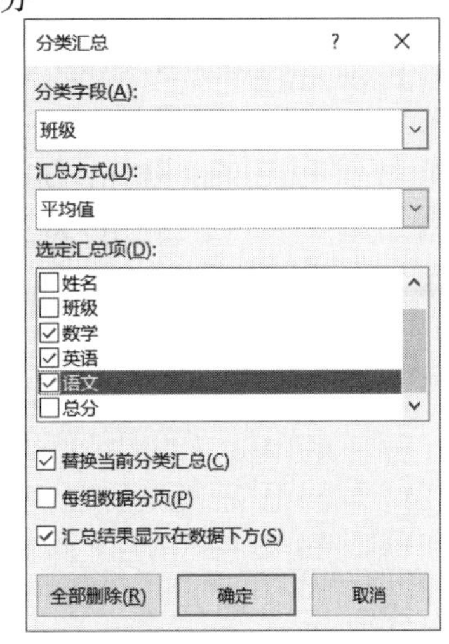

图 1-2-39　“分类汇总”对话框 1

（4）再次单击“数据”选项卡中的“分类汇总”按钮，在“分类汇总”对话框中设置分类字段为“班级”，汇总方式为“计数”，汇总项为“姓名”，清除“替换当前分类汇总”复选框，如图 1-2-41 所示，单击“确定”按钮，完成嵌套分类汇总。

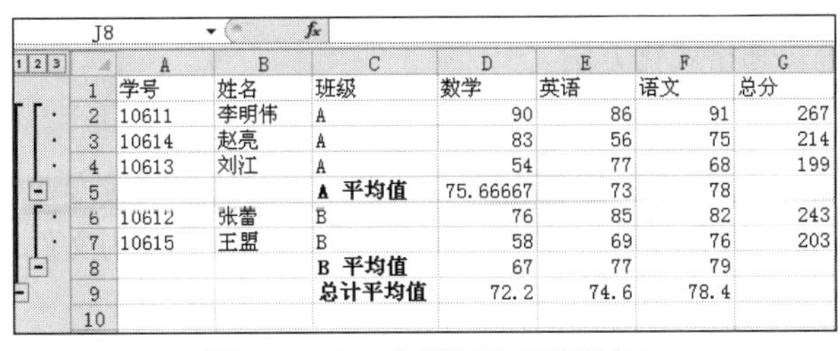

	A	B	C	D	E	F	G
1	学号	姓名	班级	数学	英语	语文	总分
2	10611	李明伟	A	90	86	91	267
3	10614	赵亮	A	83	56	75	214
4	10613	刘江	A	54	77	68	199
5			A 平均值	75.66667	73	78	
6	10612	张蕾	B	76	85	82	243
7	10615	王盟	B	58	69	76	203
8			B 平均值	67	77	79	
9			总计平均值	72.2	74.6	78.4	
10							

图 1-2-40　分类汇总后的数据

分类汇总　?　×

分类字段(A):

班级

汇总方式(U):

计数

选定汇总项(D):

学号

姓名

班级

数学

英语

语文

替换当前分类汇总(C)

每组数据分页(P)

汇总结果显示在数据下方(S)

全部删除(R)　确定　取消

图 1-2-41　“分类汇总”对话框 2

3. 实战练习

【练习 1】建立 Excel 工作簿 Ex3.xls，将已建立的 Ex2.xlsx 中的 A1：E8 单元格区域数据复制到 Ex3.xlsx 的 Sheet1 工作表中。将 Ex3.xlsx 的工作表 Sheet1 中的数据复制到Sheet2 中，然后对工作表Sheet2 中的数据进行排序，先按类别降序排列，类别相同的再按部门编号升序排列。

【练习 2】对工作表 Sheet2 中的数据进行自动筛选，筛选出服装类部门中一月份销售额大于等于 15 万的记录。

【练习 3】对工作表 Sheet2 中的数据进行高级筛选，筛选出服装类部门中一、二、三月销售额均大于 15 万的记录。

【练习 4】将工作表 Sheet1 中的数据复制到 Sheet3 中，对工作表 Sheet3 中的数据进行分类汇总。汇总出各类别每个月的总销售额。然后在原有分类汇总的基础上，再汇总出各类别每个月的销售额的平均值。

4. 思考题

（1）简述自动填充的用法。简述“$”符号的使用方法。

（2）使用 Excel 图表绘制球员能力图，如图 1-2-42 所示。

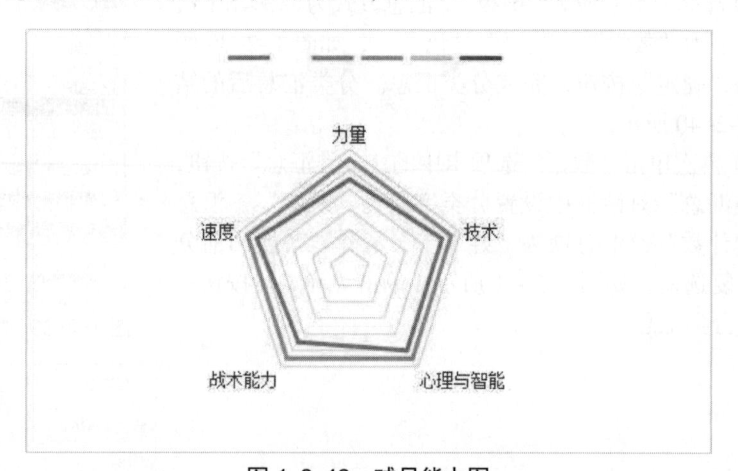

图 1-2-42　球员能力图

实验 12　演示文稿的创建与编辑

演示文稿的创建与编辑

1. 实验目的

（1）掌握演示文稿建立的基本过程。

（2）掌握演示文稿的编辑和格式化方法。

2. 实验内容

【范例 1】利用“空演示文稿”建立演示文稿，介绍你所在的学院或专业情况演示文稿除封面外共包含 5 张幻灯片，如样张 2-21 所示。并以 P1.pptx 为文件名保存在 D:\PowerPoint 文件夹中。

样张 2-21

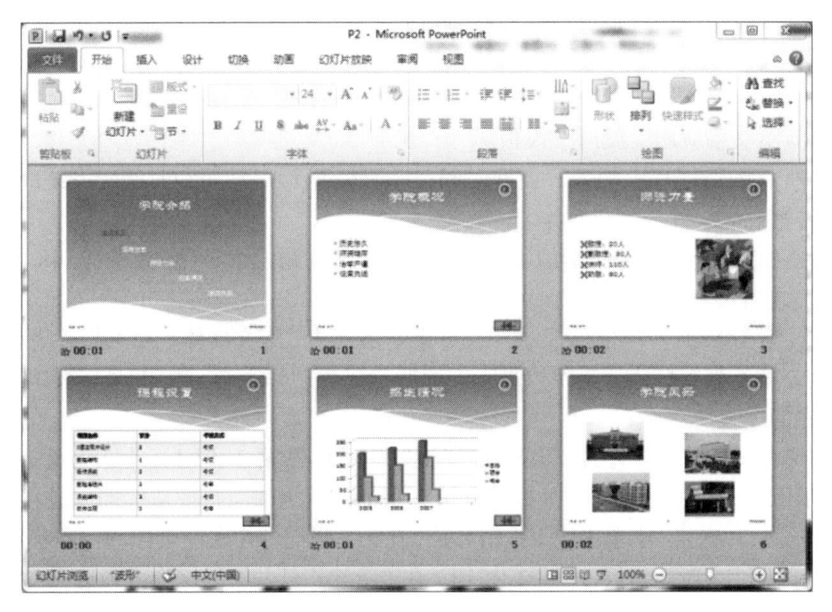

操作步骤如下：

（1）启动 PowerPoint 2016，单击“开始”选项卡中的“新建幻灯片”下拉按钮，在其下拉列表中选择“标题和内容”选项建立演示文稿。将演示文稿以 P1.pptx 为文件名保存在 D:\PowerPoint 文件夹中。

（2）通过上述方法，选择相应的幻灯片版式，建立其余 4 张幻灯片。

（3）选中第 1 张幻灯片，在幻灯片标题处填写“学院概况”，文本处填写学院概况的简要介绍。

（4）设置第 2 张幻灯片采用“标题和内容”版式。标题处填写“课程设置”。在内容区域选择“插入表格”，插入一个 3 列 7 行的表格，输入学院开设的主要课程名称、学分和考核方式等内容。

（5）设置第 3 张幻灯片采用“两栏内容”版式。标题处填写“师资力量”，内容处对师资情况作以简单说明，剪贴画处插入一幅你喜欢的图片。

（6）设置第 4 张幻灯片标题处输入“招生情况”。单击“插入图表”按钮，在“数据表”窗口中输入近 3 年学院本科、硕士和博士的招生人数数据，如图 1-2-43 所示，然后关闭数据表，根据数据表的数据在幻灯片上制作出相应的图表。

	A	B	C	D
1		本科	硕士	博士
2	2005	200	100	20
3	2006	220	150	30
4	2007	250	180	50
5				

图 1-2-43　图表的“数据表”窗口

（7）设置第 5 张幻灯片标题处输入“学院风采”，内容处各添加一幅介绍学院的图片。

（8）放映幻灯片。单击“幻灯片放映”选项卡中的“从头开始”按钮，将从第 1 张幻灯片开始播放。如果希望从当前编辑的幻灯片开始放映，则单击“幻灯片放映”选项卡中的“从当前幻灯片开始”按钮。

【范例 2】对建立的演示文稿 P1.pptx 按下列要求进行编辑：

（1）将第 3 张幻灯片“师资力量”移动到第 2 张幻灯片“课程设置”之前。

（2）在第 1 张幻灯片前插入 1 张幻灯片作为标题页，采用“标题幻灯片”版式，标题处填写“学院介绍”。

（3）为演示文稿应用“波形”模板。

（4）在所有的幻灯片中加入日期和时间，并且使显示的日期和时间随系统时间变化，在页脚处显示作者姓名，并为幻灯片编号。

（5）利用“幻灯片母版”设置第 1 张幻灯片的格式。标题设置为“华文隶书、48 号、不加粗”，在幻灯片右上方插入学校校徽图片。

（6）设置第 3 张幻灯片“师资力量”中，文本格式为“华文楷体、32 号”，项目符号为 ✂。

（7）设置第 6 张幻灯片“学院风采”中标题格式为“华文彩云、48 号、加粗、黑色”。

操作步骤如下：

（1）在 PowerPoint 窗口左侧“幻灯片窗格”中，单击第 3 张幻灯片并上下拖动，会出现一条横线显示位置，将第 3 张幻灯片拖动到第 2 张幻灯片之前，释放鼠标即完成移动操作。

（2）在“幻灯片窗格”中单击第 1 张幻灯片，在第 1 张幻灯片之前会出现一条横线显示位置，单击“开始”选项卡“新建幻灯片”下拉按钮，在“新建幻灯片”下拉列表中选择“标题幻灯片”版式，标题内容为“学院介绍”。

（3）选择“设计”选项卡，在“主题”列表框中选择应用设计模板为“波形”。

（4）单击“插入”选项卡中的“页眉和页脚”按钮，弹出“页眉和页脚”对话框。

① 勾选“日期和时间”复选框，并选中“自动更新”单选选项。

② 勾选“幻灯片编号”复选框。

③ 勾选“页脚”复选框，并输入作者姓名，如图 1-2-44 所示

④ 单击“全部应用”按钮，将设置应用到所有幻灯片上。

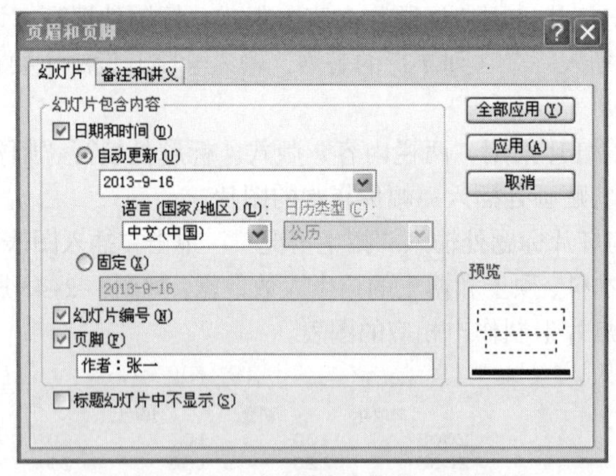

图 1-2-44 “页眉和页脚”对话框

（5）单击“视图”选项卡中的“幻灯片母版”按钮，打开幻灯片母版视图。

① 设置母版标题样式为“华文隶书、48 号字、不加粗”。

② 单击“插入”选项卡中的“图片”按钮，将校徽图片插入到幻灯片母版中，如图 1-2-45 所示。

③ 单击“幻灯片母版”选项卡中的“关闭母版视图”按钮，完成幻灯片母版编辑。

（6）在第 3 张幻灯片“师资力量”中，选中介绍师资情况的文本框。

① 利用“开始”选项卡设置文本框中的字体格式为“华文楷体、32 号字”。

② 执行菜单命令 [插入]/[符号]，打开“符号”对话框，选择符号 ⌘，单击“确定”按钮完成项目符号的设置。

（7）在第 6 张幻灯片中“学院风采”中选中标题文本框，设置其格式为“华文彩云、48 号字、加粗、黑色”。

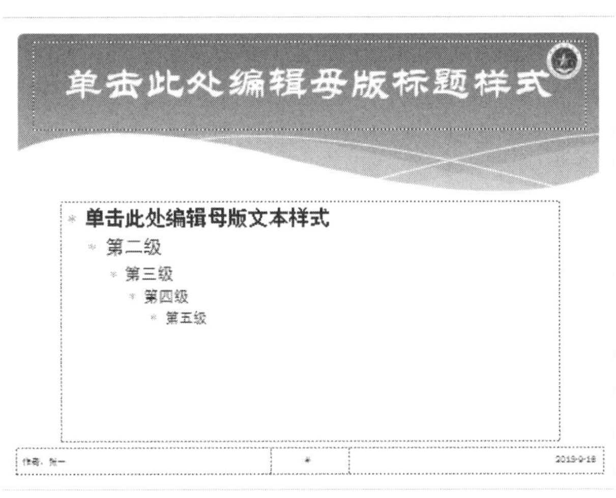

图 1-2-45　幻灯片母版视图

3. 实战练习

【练习】建立自我介绍的演示文稿，并以 Ex1.pptx 为文件名保存到 D:\PowerPoint 文件夹中。要求如下：

（1）第 1 张幻灯片采用“标题幻灯片”版式，标题为“自我介绍”。

（2）第 2 张幻灯片采用“标题和内容”版式，标题为“内容提要”，内容为“个人爱好”“学习情况”“我的家乡”。

（3）第 3 张幻灯片采用“两栏内容”版式，标题为“个人爱好”，文本处填写个人爱好和特长，剪贴画处插入一幅剪贴画或自己的照片。

（4）第 4 张幻灯片采用“标题和内容”版式，标题为“学习情况”，表格中输入所学过的主要课程的考试成绩。

（5）第 5 张幻灯片采用“两栏内容”版式，标题为“我的家乡”，文本处填写对自己家乡的简介，内容处插入两幅家乡的图片。

实验 13　演示文稿的放映、动画与超链接

演示文稿的放映、动画与超链接

1. 实验目的

（1）掌握幻灯片中动画的设置方法。

（2）掌握幻灯片的超链接技术。

（3）掌握演示文稿的放映方法。

2. 实验内容

【范例 1】打开之前建立的演示文稿 P1.pptx，将其另存为 P2.pptx。在 P2.pptx 中设置幻灯片动画。

操作步骤如下：

（1）在第 2 张“学院概况”幻灯片中，选中介绍学院概况的文本框，在“切换”选项卡中选择“飞入”效果，设置单击鼠标时开始动画效果，飞入方向为“自右侧”。

（2）为第 3 张“师资力量”幻灯片设置动画效果。

① 选中标题文本框，设置标题的进入效果为“展开”，单击鼠标时开始动画效果。

② 选中剪贴画，设置进入效果为“弹跳”。在“开始”下拉列表中选择“在上一动画之后”。设置延迟 1 s。

③ 选中介绍学院师资情况的文本框，设置进入效果为“擦除”，单击鼠标时开始动画效果。

④ 设置完毕后，第 3 张幻灯片中动画出现的顺序为单击鼠标出现标题，1 s 之后出现剪贴画，再单击鼠标一条一条地显示文本部分内容。

（3）在第 5 张“招生情况”幻灯片中选中图表部分，单击“添加效果”按钮，选择“强调”效果为“闪烁”。

（4）选择“切换”选项卡，在“切换到此幻灯片”中设置其切换方式，如果单击“全部应用”按钮，则会将所选的切换方式应用于演示文稿中的所有幻灯片。

【范例 2】创建超链接

操作步骤如下：

（1）在第 1 张幻灯片中插入 5 个文本框，文本框内容为第 2 至第 6 张幻灯片的标题，如图 1-2-46 所示。

图 1-2-46　在幻灯片中插入文本框

（2）选中“学院概况”文本框，为其设置超链接。

① 单击“插入”选项卡中的“超链接”选项，弹出“插入超链接”对话框。

② 在“链接到”列表中选择“本文档中的位置”，在“请选择文档中的位置”列表中选择幻灯片标题“2. 学院概况”如图 1-2-47 所示。

③ 单击“确定”按钮，完成超链接设置。

④ 播放幻灯片，在第 1 张幻灯片中单击“学院概况”文本框，将切换到“学院概况”幻灯片窗口。

（3）采用同样的方法为其他文本框设置超链接。

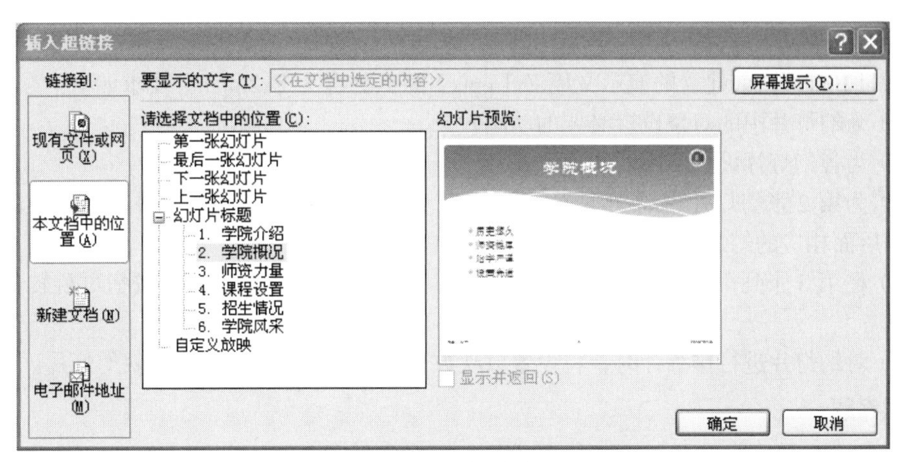

图 1-2-47　“插入超链接”对话框

【范例 3】在第 2 张至第 6 张幻灯片上放置动作按钮，单击动作按钮可跳转到第 1 张幻灯片

操作步骤如下：

（1）单击“插入”选项卡中的“形状”下拉按钮，在“形状”下拉列表中选择“动作按钮：开始”，在幻灯片母版的右下角放置一个动作按钮，并在打开的“动作设置”对话框中设置超链接到“第一张幻灯片”。

（2）设置完毕后关闭幻灯片，单击动作按钮可跳转到第 1 张幻灯片。

【范例 4】放映演示文稿

操作步骤如下：

（1）单击“幻灯片放映”选项卡中的“排练计时”按钮，排练每张幻灯片的播放方式和播放时间，幻灯片放映结束时出现对话框，如图 1-2-48 所示，单击“是”按钮，保存排练时间。

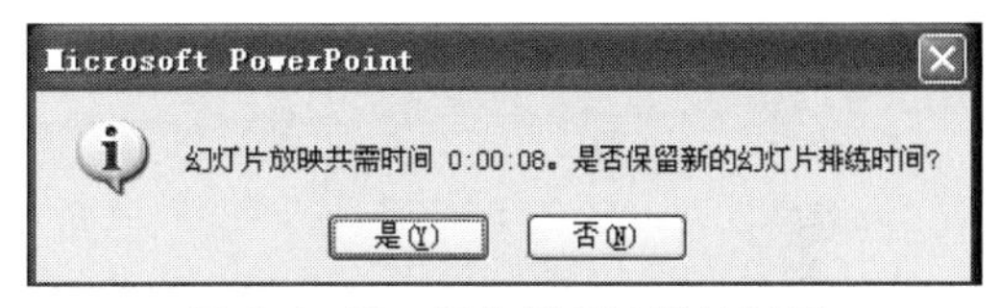

图 1-2-48　保存幻灯片排练时间

（2）单击“幻灯片放映”选项卡中的“设置幻灯片放映”按钮，在“设置放映方式”对话框中设置放映方式分别为“演讲者放映”“观众自行浏览”“展台浏览”，观察放映效果的不同，如图 1-2-49 所示。

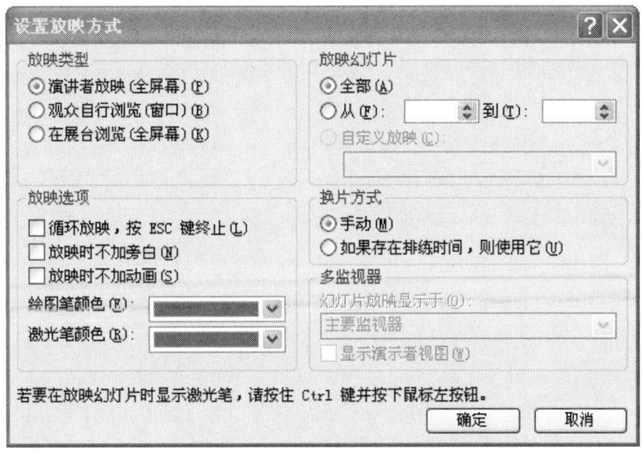

图 1-2-49　“设置放映方式”对话框

3. 实战练习

【练习】打开之前建立的演示文稿 Ex1.pptx，将其另存为 Ex2.pptx。要求如下：

（1）为幻灯片中的对象设置必要的动画效果。

（2）为各幻灯片设置不同的切换方式。

（3）为第 2 张幻灯片中的文本“个人爱好”“学习情况”“我的家乡”设置超链接，分别链接到后面相应的幻灯片上。

（4）在第 3 张到第 5 张幻灯片上分别添加一个动作按钮，单击动作按钮可跳转到第 2 张幻灯片。

（5）对幻灯片进行排练计时，将设置放映方式为“在展台浏览”，放映幻灯片。

4. 思考题

1. PowerPoint 2016 的视图有几种，各有什么功能?
2. 什么情况下可以用到超链接?
3. 母版是什么？它的功能是什么?
4. 简述幻灯片母版和模板的区别。

第 3 章 计算机网络基础

3.1 内容提要

本章学习计算机网络概念、功能、组成、分类，Internet 基础以及物联网。理解计算机网络的基本概念，掌握 TCP/IP 协议以及 IP 地址分类，掌握浏览器的基本操作以及创建、发送和接收电子邮件。

3.2 实验内容

实验 14 网络设置与信息检索

网络设置与信息检索

1. 实验目的

（1）掌握网络设置基本方法。

（2）了解常用的网络指令的使用。

（3）学会使用搜索引擎进行资料检索。

（4）学会使用学术搜索引擎进行学术文献检索。

2. 实验内容

【范例 1】网络设置方法

完成计算机的 IP 地址，子网掩码及 DNS 服务器等基本网络设置。

操作步骤如下：

（1）选择“开始”→“控制面板”命令。

（2）打开“控制面板”窗口，依次进入“网络和 Internet”→“网络与共享中心”→“查看网络状态和任务”超链接，打开图 1-3-1 所示的窗口。

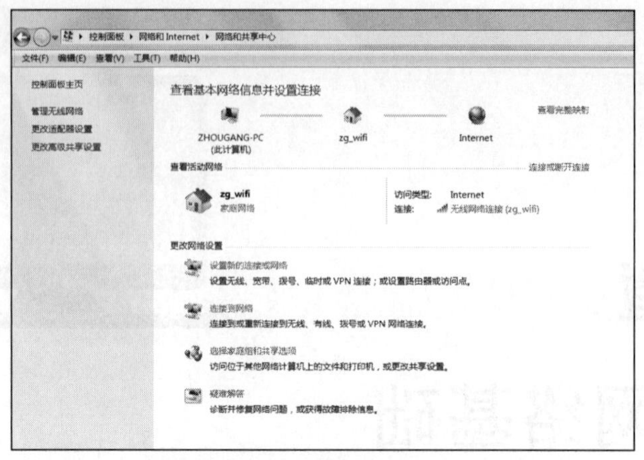

图 1-3-1　查看网络状态和任务

（3）根据实际情况查看网络连接状态，单击“连接: ”后的超链接，进入网络状态查看页面，如图 1–3–2 所示。

（4）单击“详细信息”按钮，可以查看网络连接的详细信息，如图 1–3–3 所示。

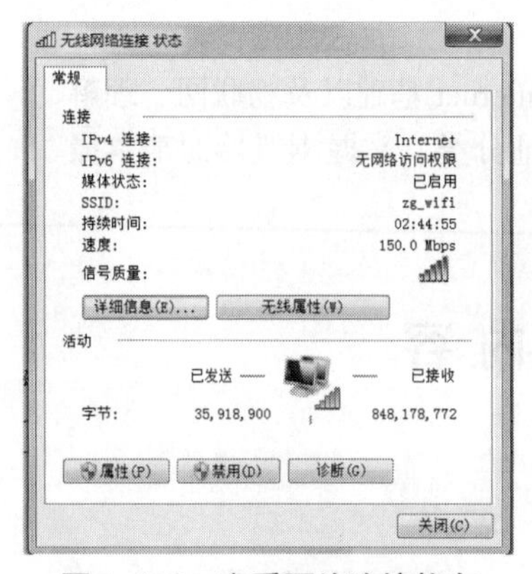

图 1-3-2　查看网络连接状态

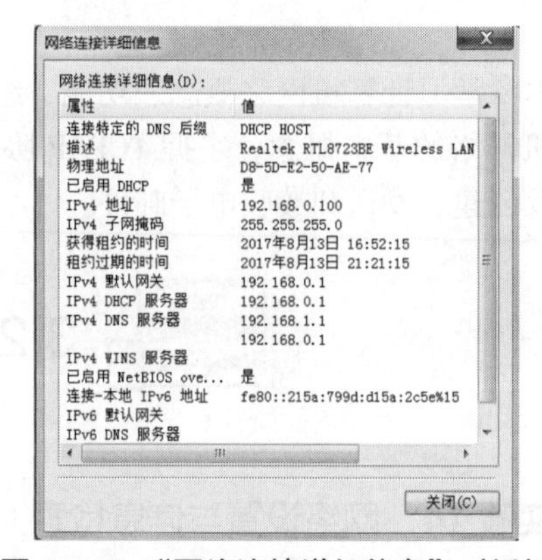

图 1-3-3　“网络连接详细信息”对话框

（5）关闭当前窗口，在图 1–3–2 中单击“属性”按钮，可以设置网络连接的基本信息。选择列表框中的“Internet 协议版本 4（TCP\IPV4）”，再单击“属性”按钮，弹出图 1–3–4 所示的对话框。

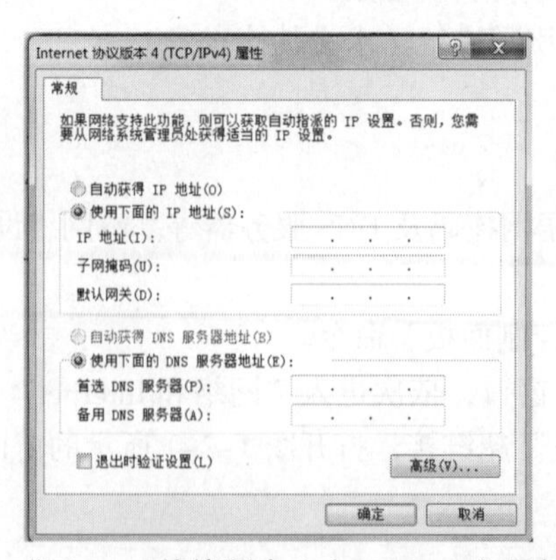

图 1-3-4　“Internet 协议版本 4（TCP/IPv4）属性”对话框

【范例 2】网络命令的使用

使用 ipconfig 命令查询网络信息，使用 ping 检测网络连接情况。

（1）选择“开始”→“所有程序”→“附件”→“命令提示符”命令，进入 MS-DOS 界面，或者在“搜索”对话框中输入“cmd”后按 Enter 键，如图 1-3-5 所示。

图 1-3-5　“开始”菜单

（2）在命令提示符下输入“ipconfig/all”，按 Enter 键，查询网络连接状态，如图 1-3-6 所示。

图 1-3-6　查询网络连接状态

（3）在命令提示符下输入“ipconfig/?”，按 Enter 键，查询 ipconfig 的使用方法，如图 1-3-7 所示。

```
C:\Windows\system32\cmd.exe
Microsoft Windows [版本 6.1.7601]
版权所有 (c) 2009 Microsoft Corporation。保留所有权利。

C:\Users\zhougang>ipconfig/all

Windows IP 配置

   主机名  . . . . . . . . . . . . . : zhougang-PC
   主 DNS 后缀 . . . . . . . . . . . :
   节点类型  . . . . . . . . . . . . : 混合
   IP 路由已启用 . . . . . . . . . . : 否
   WINS 代理已启用 . . . . . . . . . : 否
   DNS 后缀搜索列表  . . . . . . . . : DHCP HOST

无线局域网适配器 无线网络连接:

   连接特定的 DNS 后缀 . . . . . . . : DHCP HOST
   描述. . . . . . . . . . . . . . . : Realtek RTL8723BE Wireless LAN 802.11n PC
I-E NIC
   物理地址. . . . . . . . . . . . . : D8-5D-E2-50-AE-77
   DHCP 已启用 . . . . . . . . . . . : 是
   自动配置已启用. . . . . . . . . . : 是
   本地链接 IPv6 地址. . . . . . . . : fe80::215a:799d:d15a:2c5e%15(首选)
   IPv4 地址 . . . . . . . . . . . . : 192.168.0.100(首选)
   子网掩码  . . . . . . . . . . . . : 255.255.255.0
   获得租约的时间  . . . . . . . . . : 2017年8月13日 16:52:15
   租约过期的时间  . . . . . . . . . : 2017年8月13日 21:21:15
   默认网关. . . . . . . . . . . . . : 192.168.0.1
   DHCP 服务器 . . . . . . . . . . . : 192.168.0.1
   DHCPv6 IAID . . . . . . . . . . . : 383278562
   DHCPv6 客户端 DUID  . . . . . . . : 00-01-00-01-1C-EF-4B-08-68-F7-28-C2-45-A4
```

图 1-3-7　查询 ipconfig 的使用方法

（4）在命令提示符下输入“ping/?”，按 Enter 键，查询 ping 的使用方法，如图 1-3-8 所示。

```
C:\Windows\system32\cmd.exe
C:\Users\zhougang>ping/?

用法: ping [-t] [-a] [-n count] [-l size] [-f] [-i TTL] [-v TOS]
            [-r count] [-s count] [[-j host-list] | [-k host-list]]
            [-w timeout] [-R] [-S srcaddr] [-4] [-6] target_name

选项:
    -t             Ping 指定的主机，直到停止。
                   若要查看统计信息并继续操作 - 请键入 Control-Break;
                   若要停止 - 请键入 Control-C。
    -a             将地址解析成主机名。
    -n count       要发送的回显请求数。
    -l size        发送缓冲区大小。
    -f             在数据包中设置“不分段”标志(仅适用于 IPv4)。
    -i TTL         生存时间。
    -v TOS         服务类型(仅适用于 IPv4。该设置已不赞成使用，且
                   对 IP 标头中的服务字段类型没有任何影响)。
    -r count       记录计数跃点的路由(仅适用于 IPv4)。
    -s count       计数跃点的时间戳(仅适用于 IPv4)。
    -j host-list   与主机列表一起的松散源路由(仅适用于 IPv4)。
    -k host-list   与主机列表一起的严格源路由(仅适用于 IPv4)。
    -w timeout     等待每次回复的超时时间(毫秒)。
    -R             同样使用路由标头测试反向路由(仅适用于 IPv6)。
    -S srcaddr     要使用的源地址。
    -4             强制使用 IPv4。
    -6             强制使用 IPv6。

C:\Users\zhougang>
```

图 1-3-8　查询 ping 的使用方法

（5）在互联网环境下使用命令提示符输入“ping 127.0.0.1”，查询本机是否连接了 Internet，如图 1-3-9 所示；在军事训练网环境下使用命令提示符输入“ping 10.0.0.2”，查询本机是否连接了军事训练网。

```
C:\Windows\system32\cmd.exe
C:\Users\zhougang>ping 127.0.0.1

正在 Ping 127.0.0.1 具有 32 字节的数据:
来自 127.0.0.1 的回复: 字节=32 时间<1ms TTL=128
来自 127.0.0.1 的回复: 字节=32 时间<1ms TTL=128
来自 127.0.0.1 的回复: 字节=32 时间<1ms TTL=128
来自 127.0.0.1 的回复: 字节=32 时间<1ms TTL=128

127.0.0.1 的 Ping 统计信息:
    数据包: 已发送 = 4，已接收 = 4，丢失 = 0 (0% 丢失)，
往返行程的估计时间(以毫秒为单位):
    最短 = 0ms，最长 = 0ms，平均 = 0ms

C:\Users\zhougang>
```

图 1-3-9　测试本机是否连接网络

如果 4 个测试数据包都接收到，丢失率为 0%，那么认为本机网络连接状态良好，否则丢失率过高则认为本机与网络的物理层连接状态不佳。

（6）使用 ping 命令也可以查询与某网站的连接状态，例如在互联网环境下使用命令提示符输入 ping www.sian.com.cn（见图 1-3-10），在军事训练网环境下使用命令提示符输入 ping www.zz。

```
C:\Windows\system32\cmd.exe

C:\Users\zhougang>ping www.sina.com.cn

正在 Ping spool.grid.sinaedge.com [59.175.132.126] 具有 32 字节的数据:
来自 59.175.132.126 的回复: 字节=32 时间=4ms TTL=59
来自 59.175.132.126 的回复: 字节=32 时间=3ms TTL=59
来自 59.175.132.126 的回复: 字节=32 时间=6ms TTL=59
来自 59.175.132.126 的回复: 字节=32 时间=5ms TTL=59

59.175.132.126 的 Ping 统计信息:
    数据包: 已发送 = 4, 已接收 = 4, 丢失 = 0 (0% 丢失),
往返行程的估计时间(以毫秒为单位):
    最短 = 3ms, 最长 = 6ms, 平均 = 4ms

C:\Users\zhougang>_
```

图 1-3-10　测试本机是否连接网站

如果 4 个测试数据包都接收到，丢失率为 0%，那么认为本机与指定网站连接状态良好，否则丢失率过高则认为本机与指定网站的物理层连接状态不佳。

【范例 3】使用搜索引擎

使用百度查询“海军工程大学”的相关信息。

（1）打开 IE 浏览器，在地址栏输入网址 www.baidu.com，按 Enter 键。

（2）在百度搜索栏输入“海军工程大学”，出现搜索结果界面，如图 1-3-11 所示。

图 1-3-11　百度搜索界面

（3）在百度功能栏选择需要搜索的内容类型，如“网页”“新闻”“贴吧”“知道”“音乐”“图片”“视频”“地图”等不同的搜索结果类型。

切换到“图片”类型，可以在“图片筛选”中选择要搜索图片的大小、颜色、时间等基本信息，如图 1-3-12 所示。

图 1-3-12　百度图片搜索界面

在视频搜索类型中，也可以进行具体内容的筛选。

【范例 4】学术搜索

使用 CNKI 知网搜索学术资源。

（1）在百度搜索栏中输入 cnki，选择第一个官方网站即为知网官方网站，或者在 IE 浏览器地址栏输入 www.cnki.net，并按 Enter 键，如图 1-3-13 所示。

图 1-3-13　知网学术资源搜索界面

（2）在中国知网的地址栏中选择“主题”为“计算机教育”的文献，得到所有学术文献的资源列表，如图 1-3-14 所示。

图 1-3-14　cnki 学术搜索结果

（3）任意选择一篇感兴趣的文献，单击文献名称进入学术文献的详细信息界面，并下载该文献。在互联网中，需要使用用户名登录方可下载阅读；在校园网中，可通过图书馆网站中的链接下载阅读，如图 1-3-15 所示。

图 1-3-15　文献的详细信息

（4）在中国知网的主页搜索作者为“周钢”的最近时间的学术文章。

第一步：选择分类类型为“作者”，在搜索栏输入“周钢”，单击“检索”按钮。

第二步：在学术搜索结果中，选择“海军工程大学”。

第三步：在排序中选择按照发表时间排序，选择第一个学术文献，如图 1–3–16 所示。

图 1–3–16 复杂条件的学术搜索

（5）在中国知网中使用高级搜索功能。

检索海军工程大学“周钢”于2017年上半年发表的关于“大学计算机基础”且关键字为“计算思维”的学术文章。

单击主页中的“高级检索”按钮，进入高级检索界面，如图 1–3–17 所示。

图 1–3–17 高级检索界面

选择主题类型检索，内容输入“大学计算机基础”；第二行第一个下拉列表框中选择“AND”；第二行，选择作者类型检索，内容输入“周钢”，“同名作者/所在机构”选择“海军工程大学”，时间范围从“2017-01-01”到“2017-06-30”，最后单击“检索”按钮，得到学术文献列表，如图 1-3-18 所示。

图 1-3-18　高级检索结果 1

可以检索到周钢发表于《计算机教育》期刊 2017 年第一期的《基于计算思维的大学计算机基础课程混合教学改革实践》一文，如图 1-3-19 所示。

图 1-3-19　高级检索结果 2

3. 实战练习

【练习】

（1）测试与“海军工程大学”主页是否物理联通。

（2）搜索与自己的家乡相关的新闻和图片。

（3）在中国知网中搜索南京大学的周志华于 2017 年发表的关于集成学习的相关论文，并下载其中引用量最多的那篇文献。

4. 思考题

1. 网络搜索引擎（如百度）的搜索结果是按照什么规律进行排序？

2. 如何查找所学专业近几年的研究热点？

3. 简述计算机 IP 地址和子网掩码的关系。

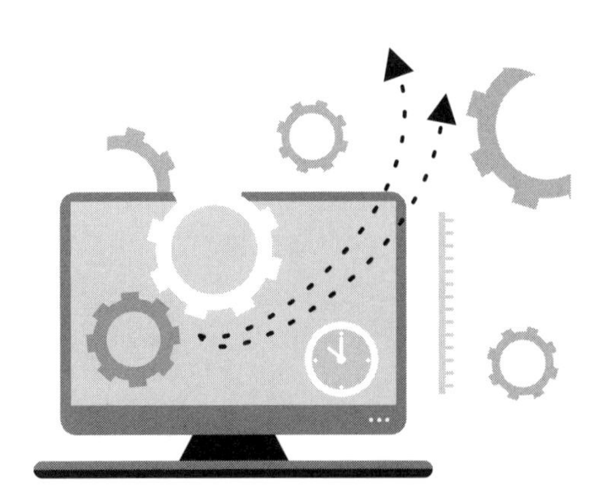

第4章 数据库与信息系统

4.1 内容提要

本章学习数据库的基本理论、信息系统的概念与设计过程以及 Access 2016 数据库的使用。在 Access 2016 中掌握数据库的建立；掌握表结构的设计、字段属性的设置、表结构的维护和创建表与表之间的关系；理解数据库的概念；掌握 Access 2016 数据库管理系统的常用查询（如选择查询、删除查询、更新查询）；理解简单的 SQL 语句；掌握利用向导和 SQL 语句创建查询。

4.2 实验内容

实验 15 Access 2016 数据库的建立

Access 2016数据库的建立

1. 实验目的

（1）掌握建立和维护 Access 2016 数据库的一般方法。

（2）掌握建立和维护数据表的一般方法。

（3）掌握数据表中数据的输入和输出格式的设置方法。

（4）掌握建立表格关联的方法。

2. 实验内容

【范例 1】 建立数据库

操作步骤如下：

通过使用创建数据库的方法建立“教务管理系统”数据库。文件命名为“教务管理系统 .accdb”，存放在 D 盘根目录下，“教务管理系统”窗口如图 1–4–1 所示。

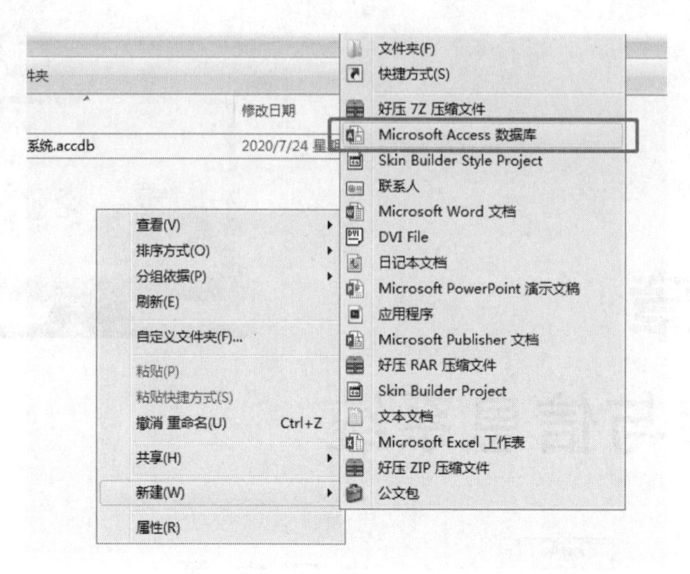

图 1-4-1 “教务管理系统”窗口

【范例 2】建立数据表

在“教务管理系统”数据库中使用表设计器建立数据表。

操作步骤如下：

（1）学生信息表。

① 单击“创建”选项卡中的“表”按钮，创建“学生信息”表并右击，单击设计视图，如图 1-4-2 所示，表结构见表 1-4-1。

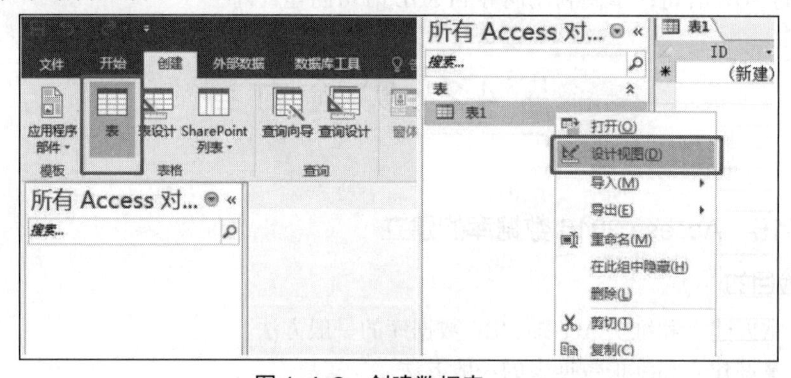

图 1-4-2 创建数据表

表 1-4-1 “学生信息”表的结构

字段名称	字段类型	字段宽度
学号	文本	10
姓名	文本	10
性别	文本	1
年龄	数字	整型
专业	文本	/
入校时间	日期 / 时间	/
简历	备注	/

② 创建“学号”为主键，将鼠标放在“学号”字段，单击“主键”按钮，如图 1-4-3 所示。

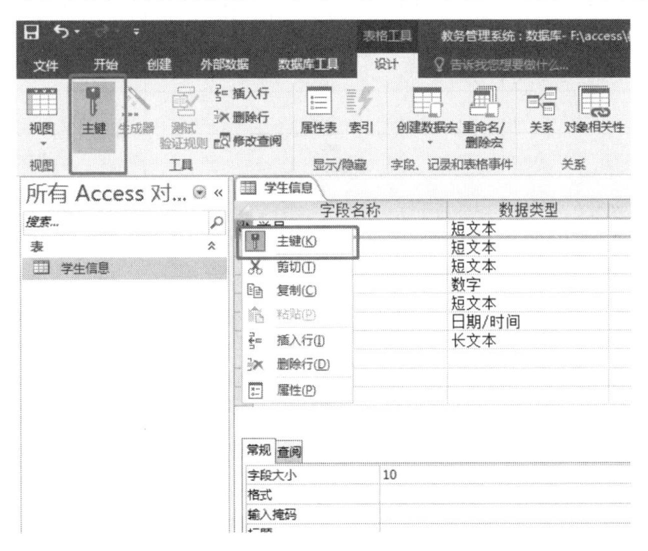

图 1-4-3　设置数据表的主键

③ 保存数据表，在表头右击单击保存，或使用快捷键 Ctrl+S 组合键，如图 1-4-4 所示。

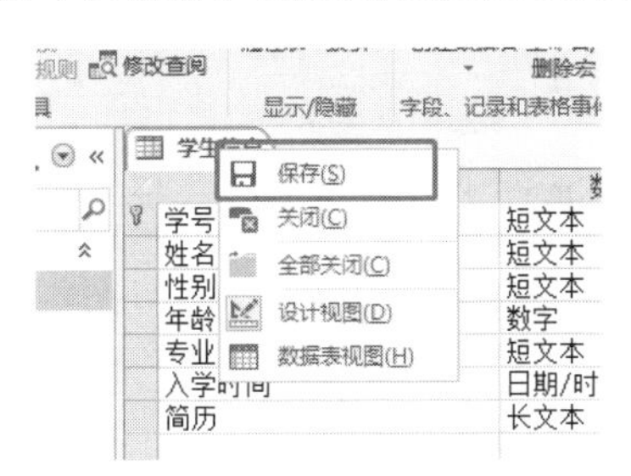

图 1-4-4　数据表的保存

（2）课程信息表

① 单击“创建”选项卡中的“表”按钮，创建“课程信息”表，表结构见表 1-4-2。

② 创建“课程号”为主键。

③ 保存数据表，在“另存为”对话框中输入表的名字“课程信息”。

表 1-4-2　“课程信息”表的结构

字段名称	字段类型	字段宽度
课程号	文本	5
课程名	文本	20
学分	数字	单精度
先修课	文本	5

（3）学生成绩表。

① 单击“创建”选项卡中的“表”按钮，创建“学生成绩”表，表结构见表 1-4-3。

② 创建“学号”“课程号”为主键。

③ 保存数据表。

表 1-4-3 “学生成绩”表的结构

字段名称	字段类型	字段宽度
学号	文本	10
课程号	文本	5
成绩	数字	单精度，小数为 2 位

【范例 3】建立关系

建立“学生信息”表“课程信息”表和“学生成绩”表之间的关系。

操作步骤如下：

（1）关闭所有打开的表，单击“数据库工具”选项卡中的“关系”按钮。

（2）在“显示表”对话框中选择要建立关系的表。系统会自动建立关系，对于没有自动生成的关系，则需要操作者创建。创建方法为：拖动两个关系字段中的一个到另外一个上面即可。

（3）选中表之间的联系，右击“编辑关系”，可勾选“实施参照完整性”和“级联更新相关字段”复选框等。

（4）对“课程信息”表建立自身关联，其中的“先修课”属性数据必须是“课程号”的一项，即建立相关联系。通过再添加一次“课程信息”表，按上述方法建立自身联系，如图 1-4-5 所示。

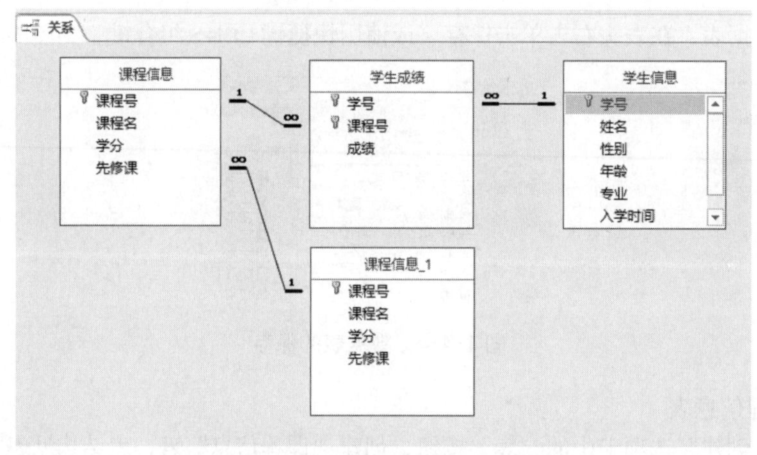

图 1-4-5 建立 3 个数据表之间的关系

【范例 4】输入数据

在“学生信息”表、“课程信息”表、“学生成绩”表中分别录入数据，见表 1-4-4 ~ 表 1-4-6。

操作步骤略。

表 1-4-4 “学生信息”表

学号	姓名	性别	年龄	专 业	入校时间	简历
00001	李红江	男	22	计算机	2017-9-1	摄影
00002	张宏	男	22	计算机	2017-9-1	书法
00003	程鑫	男	23	大数据	2017-9-1	足球
00004	刘红兵	男	21	大数据	2017-9-1	绘画
00005	钟姝	女	19	动力工程	2016-9-1	
00006	李晓红	女	21	财务管理	2016-9-1	

表 1-4-5　“课程信息”表

课程号	课程名称	学分	先修课
S0101	数学	4	
S0102	物理	4	S0101
S0103	化学	4	S0101
S0104	英语	8	
S0105	政治	2	
S0106	军体	2	
S0201	计算机基础	2	
S0202	C 语言	3	S0201
S0203	数据库技术	2	S0201

表 1-4-6　“学生成绩”表

学号	课程号	成绩
00001	S0101	91.00
00001	S0103	78.00
00001	S0201	75.00
00001	S0202	80.50
00002	S0101	87.00
00002	S0102	85.00
00002	S0201	86.00
00002	S0202	78.00
00003	S0101	81.50
00003	S0102	68.00
00004	S0104	88.00
00004	S0201	85.50
00005	S0103	91.00
00005	S0203	92.00

【范例 5】维护数据表

操作步骤如下：

（1）导出“学生信息”表中的数据，以 Excel 的形式保存到 D 盘，文件名为“学生信息 .xls”。

（2）新建 Excel 表格“学生 .xlsx”，在表中输入表 4–7 所示数据，打开 Access 2016，将数据导入到“学生信息”表中。

表 1-4-7　“学生信息”表

学号	姓名	性别	年龄	专业	入校时间	简历
000007	李大伟	男	22	仿真技术	2017-9-1	摄影
000008	张宏进	男	22	计算机	2017-9-1	书法
000009	刘玉玲	女	21	大数据	2017-9-1	钢琴

（3）在“学生信息”表中，插入“是否党员”字段，并放在“简历”字段前面，字段类型设置为“是 / 否”，默认值为“否”（即 0）。

（4）设置“学生信息”表中“入校时间”字段的格式为“短日期”型。

（5）将“学生信息”表中的性别字段设置为查阅字段，取值为“男”或“女”。

打开“学生信息”表设计视图，选择“性别”字段，在“查阅”选项卡中设置“选择控件”属性为“组合框”，设置“行来源类型”属性为“值列表”，设置“行来源”属性为“‘男’；‘女’”。

（6）设置“课程信息表”中“课程名”字段为必填字段。

3. 实战练习

【练习】

（1）设置学生信息的入校时间默认为2017-9-1。

（2）在“课程信息”的“先修课”设置为查阅字段，从该基本表的“课程号”中进行查阅选取。

4. 思考题

1. 基本表的主键设置可以是一个字段，也可以是多个字段，如何判别区分？

2. 如何建立基本表与自身的关联？

3. 基本表的关联中“实施参照完整性”“级联更新相关字段”“级联删除相关记录”分别有什么作用？

实验16　Access 2016数据库查询设计

Access 2016数据库查询设计（1）

1. 实验目的

（1）掌握Access 2016数据库中查询的类型。

（2）掌握Access 2016数据库中创建查询的工具和方法。

（3）掌握基本SQL查询语句的使用方法。

2. 实验内容

下面所有的操作都是针对实验15所建立的“教务管理系统.accdb”数据库中的“学生信息”表、“课程信息”表和“学生成绩”表进行的。

【范例1】使用Access 2016提供的“查询向导”执行查询操作

操作步骤如下：

（1）查询所有学生信息。在“创建”选项卡中双击“查询向导”按钮，弹出“新建查询”对话框，如图1-4-6所示。选择学生信息表及其所有的字段，单击“下一步”按钮，直到出现“指定查询标题”对话框，输入“学生信息”，单击“完成”按钮，即显示图1-4-7所示的数据表。

图1-4-6　“新建查询”对话框

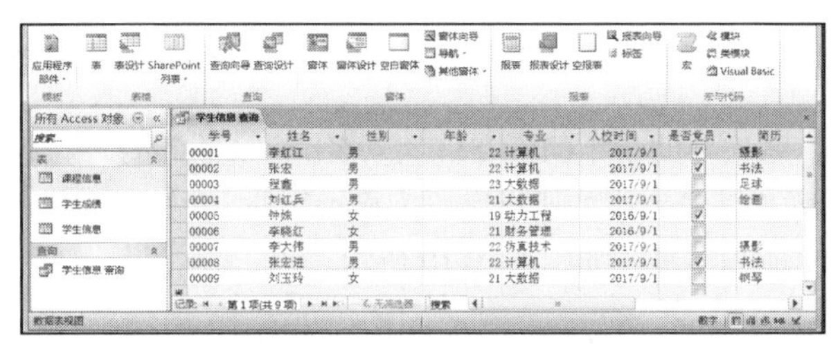

图 1-4-7　查询结果显示

（2）查询学生选课情况，显示学号、姓名、课程号、课程名、学分。本查询中使用到 3 个数据表，虽然在“简单查询向导”对话框中只需选择“学生信息”表、“课程信息”表中的字段，但是系统会自动根据在实验 15 中创建的 3 个表之间的关系，选择“学生成绩”表建立学生和课程之间的联系。显示结果如图 1-4-8 所示。

图 1-4-8　学生选课情况查询

（3）查询学生的成绩，显示学号、姓名、课程名、成绩，显示结果如图 1-4-9 所示。

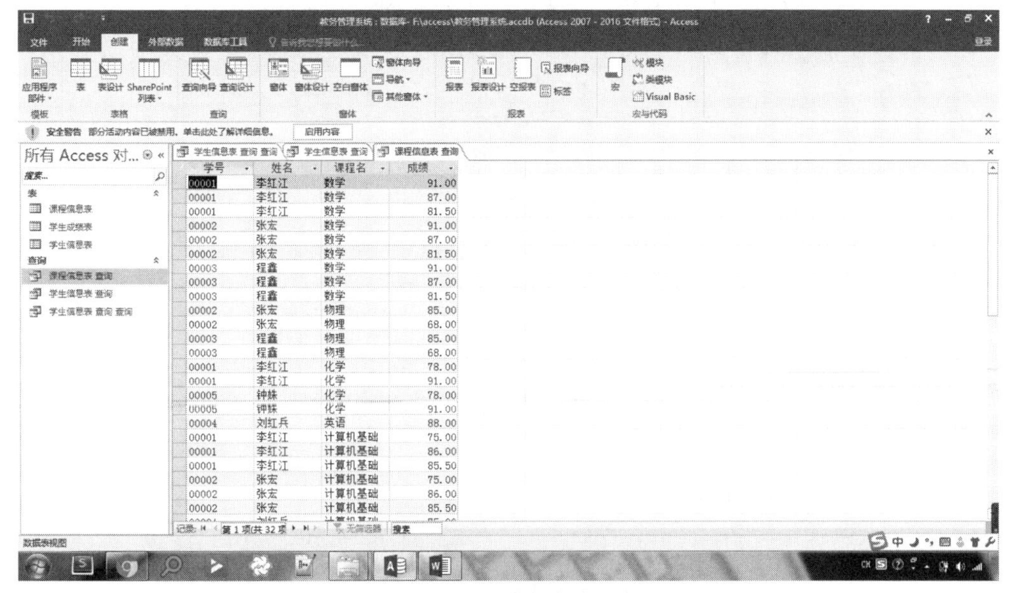

图 1-4-9　学生成绩查询

【范例 2】使用 Access 2016 提供的“在设计视图中创建查询”执行查询操作

操作步骤如下：

（1）查询姓名为“张宏”的学生的所有信息。双击“查询设计”按钮，选择学生信息表，打开查询设计器。选择学生信息表中的所有字段为显示字段，在姓名字段的条件中输入“张宏”，单击按钮 ! 即可查询出所需结果，如图 1-4-10 所示。

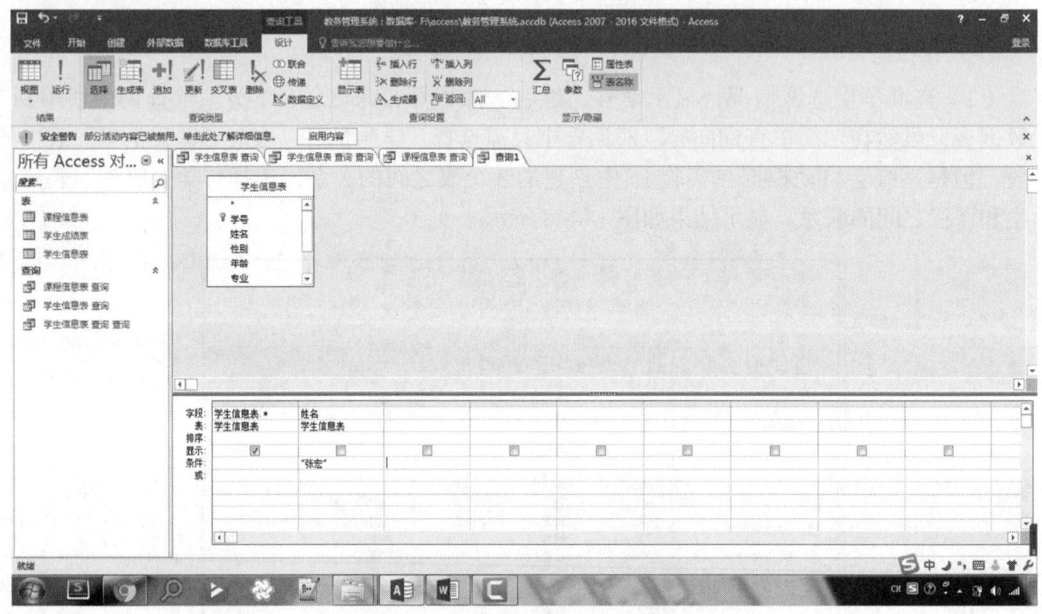

图 1-4-10　按姓名查询学生基本信息

（2）查询选修课程号为“S0201”且成绩在 85 分以上的学生的学号、姓名、课程名、成绩 4 个字段，查询设计如图 1-4-11 所示。

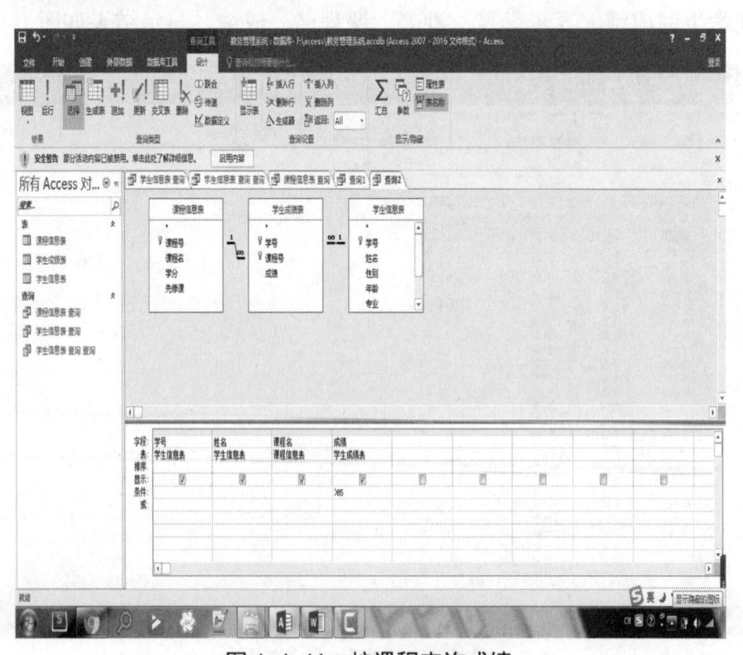

图 1-4-11　按课程查询成绩

（3）查询张宏同学的各科成绩，按成绩由大到小排序，查询设计如图 1–4–12 所示。

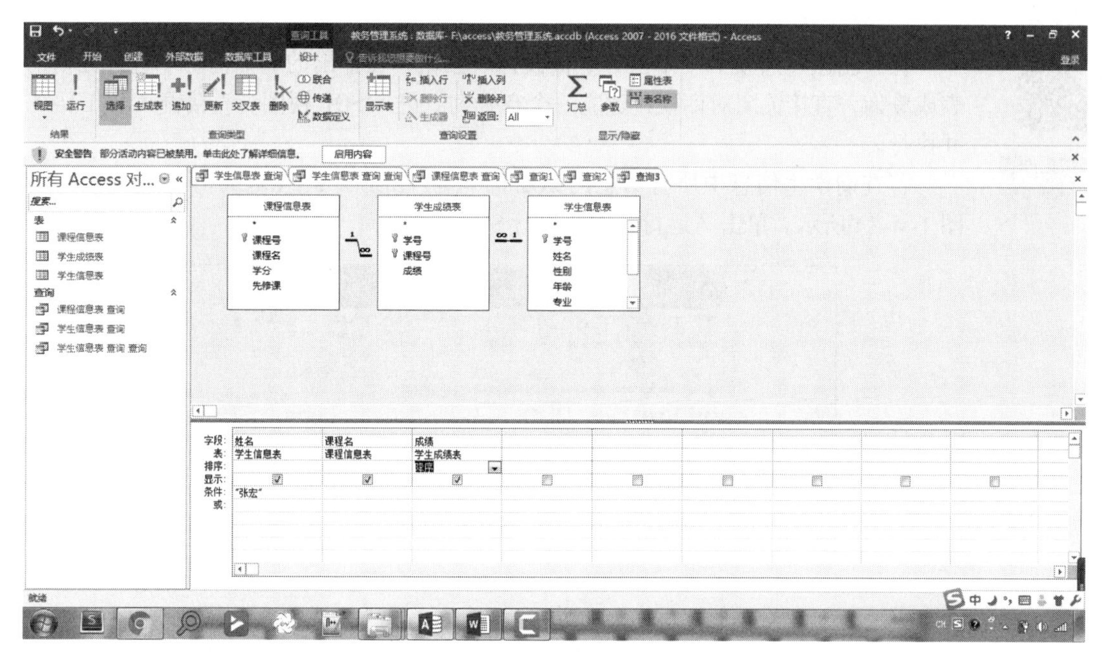

图 1-4-12　按姓名查询成绩

（4）统计每个学生所修学分的总和和各科平均分。查询设计及统计结果如图 1–4–13 所示。注意：此操作需要先单击“显示 / 隐藏”选项组中的“汇总”按钮 Σ，在“姓名”栏选择 Group By，“学分”栏选择“总计”，“成绩”栏选择“平均”，然后进行查询设置。

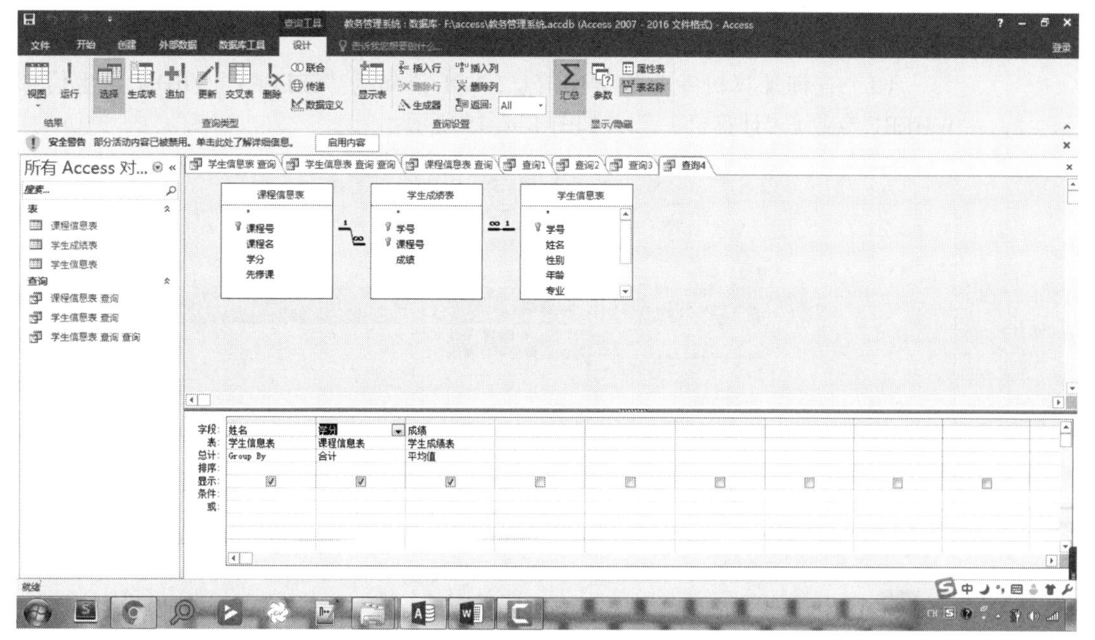

图 1-4-13　统计学生学分及平均分

Access 2016数据库查询设计（2）

【范例 3】使用 SQL 命令中的 SELECT 语句执行查询操作

操作步骤如下：

在“创建”选项卡中单击“查询设计”按钮，在弹出的对话框中不选择任何的表或查询，直接关闭对话框，建立一个空查询。进入 SQL 视图，直接输入 SQL 语句并执行。

若查询学生信息中所有信息的 SQL 语句为“SELECT * FROM 学生信息”，如图 1-4-14 所示。单击“运行”按钮执行 SQL 语句。

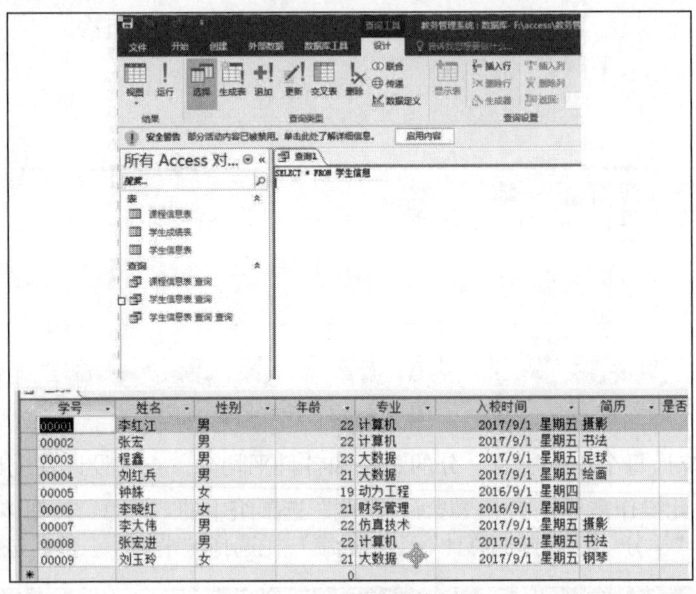

学号	姓名	性别	年龄	专业	入校时间	简历	是否
00001	李红江	男	22	计算机	2017/9/1 星期五	摄影	
00002	张宏	男	22	计算机	2017/9/1 星期五	书法	
00003	程鑫	男	23	大数据	2017/9/1 星期五	足球	
00004	刘红兵	男	21	大数据	2017/9/1 星期五	绘画	
00005	钟舔	女	19	动力工程	2016/9/1 星期四		
00006	李晓红	女	21	财务管理	2016/9/1 星期四		
00007	李大伟	男	22	仿真技术	2017/9/1 星期五	摄影	
00008	张宏进	男	22	计算机	2017/9/1 星期五	书法	
00009	刘玉玲	女	21	大数据	2017/9/1 星期五	钢琴	
*			0				

图 1-4-14　基本查询视图

（1）查询计算机专业的学生信息，SQL 语句为“SELECT * FROM 学生信息 WHERE 专业 =“计算机”;”，如图 1-4-15 所示。

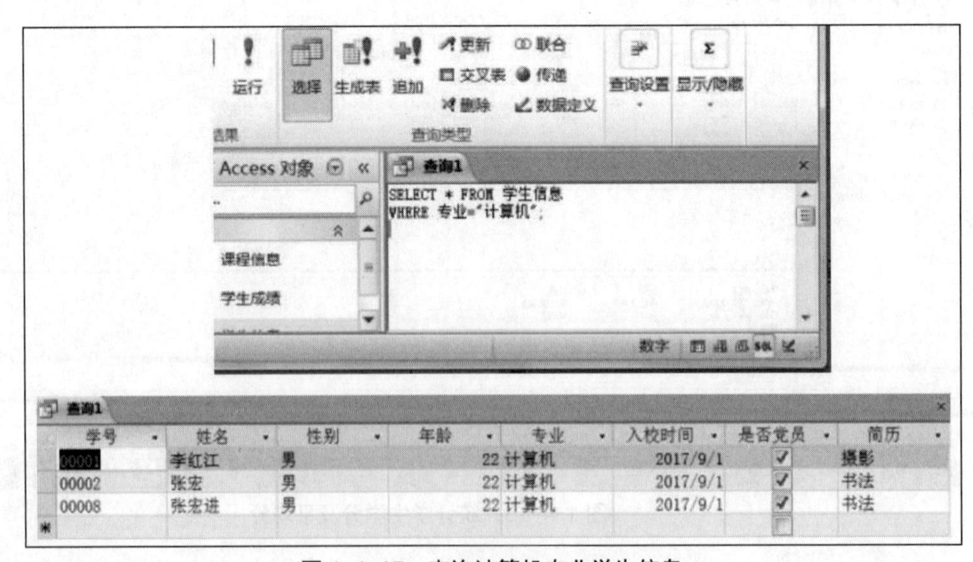

学号	姓名	性别	年龄	专业	入校时间	是否党员	简历
00001	李红江	男	22	计算机	2017/9/1	✓	摄影
00002	张宏	男	22	计算机	2017/9/1	✓	书法
00008	张宏进	男	22	计算机	2017/9/1	✓	书法
*							

图 1-4-15　查询计算机专业学生信息

（2）查询选修课程号为“S0201”且成绩在 85 分以上的学生的学号、姓名、课程名、成绩 4 个字段，如图 1-4-16 所示。

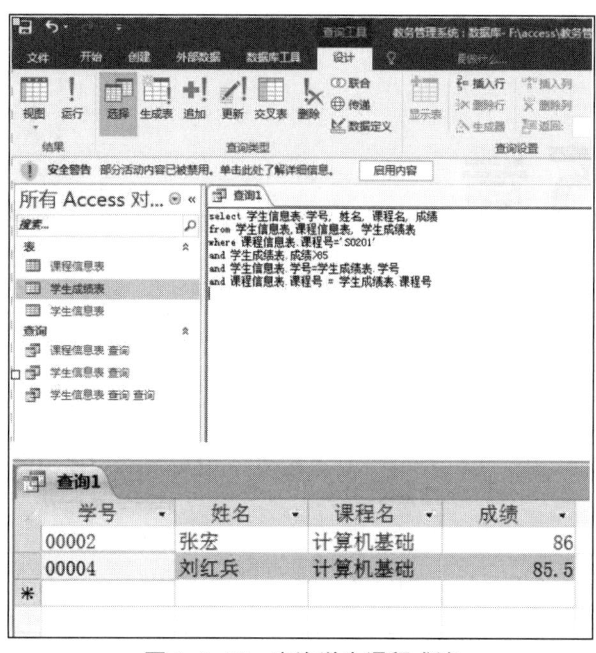

图 1-4-16　查询学生课程成绩

3. 实战练习

【练习】

使用查询向导完成：

（1）所有计算机专业学生的平均分。

（2）计算机基础课程的最高分，最低分。

（3）查询学生的姓名、课程、选修课、成绩。

分别使用查询设计的数据表视图和 SQL 语句完成：

（1）查询 2016 级所有女学生的考试平均分。

（2）查询课程中选修人数最多的课程信息。

（3）查询计算机基础课程的前三名学生的信息，包括姓名、专业、入校时间、成绩。

4. 思考题

SQL 语句中 SELECT、WHERE、GROUP BY 语句特点。

第5章 辅助制图技术

5.1 内容提要

本章学习 Office Visio 2010 的使用，并利用 Visio 进行简单绘图和利用图形库进行绘图。Visio 2010 是一款便于 IT 和商务专业人员就复杂信息、系统和流程进行可视化处理、分析和交流的软件。使用具有专业外观的 Office Visio 2010 图表，可以促进对系统和流程的了解，深入了解复杂信息并利用这些知识做出更好的业务决策。

5.2 实验内容

数据库E-R图的绘制

实验17　数据库 E-R 图的绘制

1. 实验目的

（1）熟悉 Office Visio 2010 绘图环境。

（2）了解 Office Visio 2010 的基本功能。

（3）掌握利用简单绘图工具完成一个典型数据库 E-R 图的绘制。

2. 实验内容

【范例 1】进入 Office Visio 2010 工作环境

操作步骤如下：

（1）建立 vsd 文件。在桌面或 D 盘建立文件“ER 图 .vsd”。

（2）熟悉 Visio 2010 的工作环境。重点熟悉其中的“开始”功能。

【范例 2】绘制学生成绩的 E-R 图

操作步骤如下：

（1）分析数据库概念模型。针对第 4 章的数据库“教务管理系统”，分析其概念模型，重点研究实体集“学生”和实体集“课程”的相关关系，可以根据实验 15 构建的关联进行分析。

“教务管理系统”基本表的相互关联如图 1–5–1 所示。

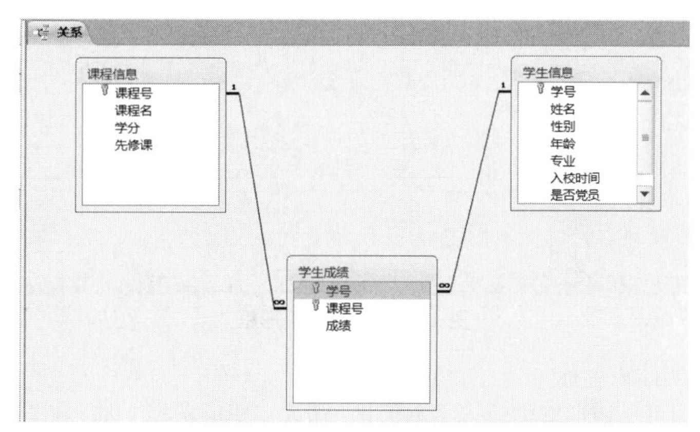

图 1-5-1　“教务管理系统”关联图

（2）调整画幅。

在“设计”选项卡“页面设置”组中单击“纸张方向”下拉按钮，默认为纵向，调整为横向，将“大小”调整为 B5 纸张大小，如图 1–5–2 所示。

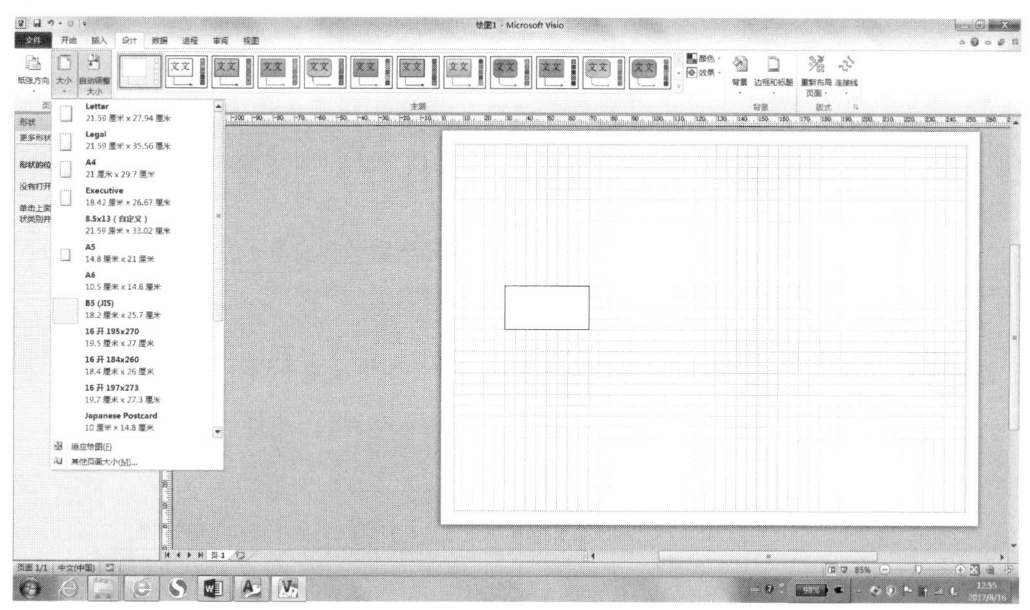

图 1-5-2　画幅设置

（3）绘制实体集。

根据数据库概念模型分析，主要包括“学生”和“课程”两个实体集，实体集使用矩形框表示，矩形框内标注实体集名称。

第一步：绘制矩形框

在“开始”选项卡“工具”组的“指针工具”下拉列表中单击“矩形”按钮，鼠标指针变成“+”形状，在主页面绘制矩形，并拉动矩形四角调整大小，如图 1–5–3 所示。

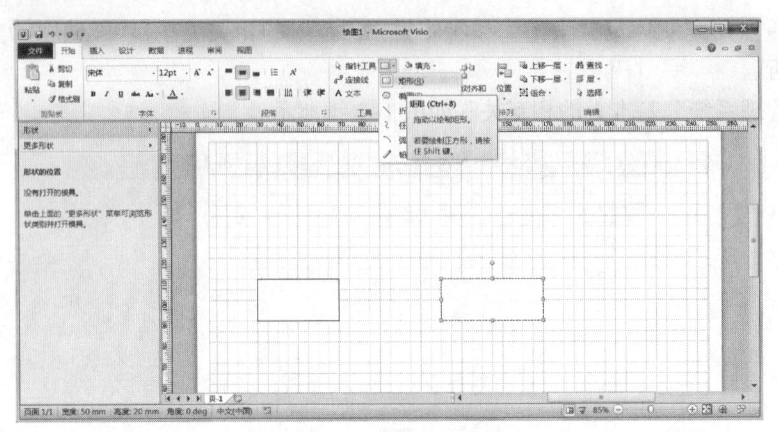

图 1-5-3　绘制矩形框

第二步：输入实体集名称

双击矩形框，即可在矩形框内输入文本信息，输入完毕后选择文本，在“开始”选项卡的“字体”组中设置文本相关颜色、字体、大小等基本参数。

或者插入横版文本框，调整文本框与矩形框同位置和大小，然后输入文本并调整文本参数。

（4）绘制属性。根据数据库概念模型分析，实体集“学生”包括属性：学号，姓名，性别，年龄，专业，入校时间，是否党员，备注；实体集“课程”包括属性：课程号，课程名，学分，先修课；实体集的属性使用椭圆表示，椭圆框内标注属性名称，其中主键还应在属性文本下划线，如图 1-5-4 所示。

第一步：绘制椭圆框

在“指针工具”下拉列表中单击“椭圆”按钮，鼠标指针变成“+”形状，在主页面绘制椭圆，并拉动椭圆边角调整大小。

第二步：输入属性文本

双击椭圆框，即可在椭圆框内输入文本信息，输入完毕后选择文本，在“开始”选项卡的“字体”组中设置文本相关颜色、字体、大小等基本参数。

第三步：设置主键

选择学号和课程号两个椭圆框中的文本，在“字体”组中设置下划线。

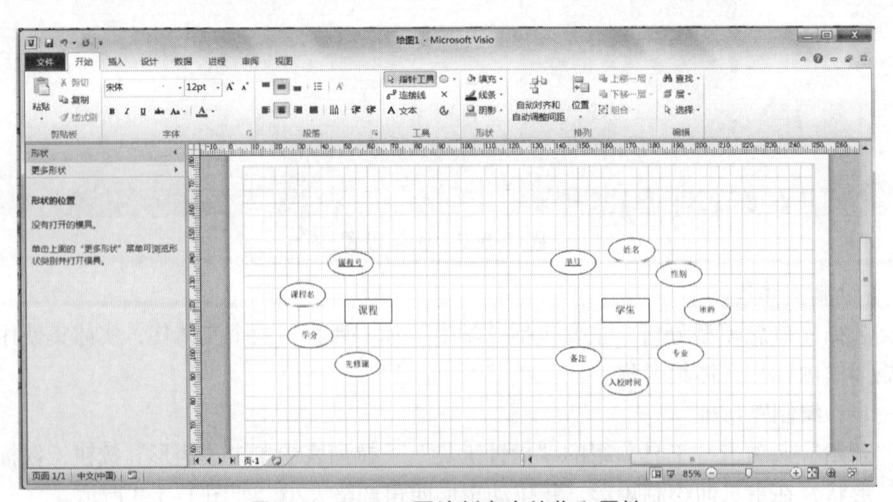

图 1-5-4　E-R 图绘制完实体集和属性

（5）绘制联系及其属性。根据数据库概念模型分析，实体集“学生”和实体集“课程”的联系为联系“考试”，其属性为成绩。

实体集的联系使用菱形表示，菱形框内标注联系名称，其属性与实体集属性类似。

第一步：绘制菱形框

由于没有专门的菱形工具，因此使用折线图完成，使用四根折线完成菱形绘制。

第二步：输入联系名称

选中绘制完成的菱形折线图，随后双击，将出现文本框，输入联系名“考试”即可。

第三步：添加联系属性

通过绘制椭圆形完成属性“成绩”的添加。

（6）连线及联系标注。

第一步：连线

将属性椭圆与实体集、联系使用折线连接起来，连线时要注意依托网络格做到图形美观、规范，如图 1-5-5 所示。

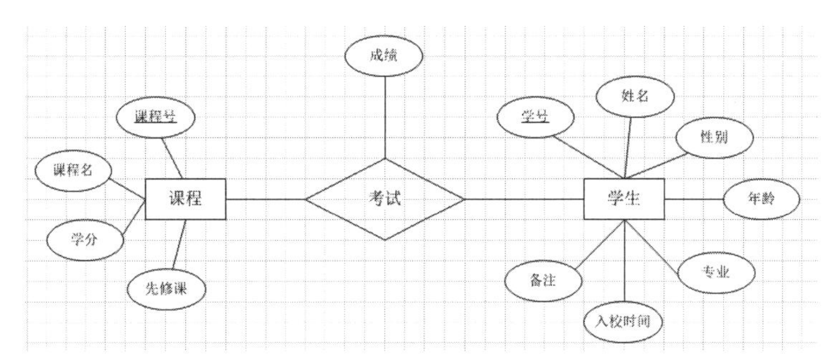

图 1-5-5　E-R 图绘制

第二步：联系标注

实体集“课程”和“学生”存在着多对多的联系“考试”，即一名学生可以参加多门课程考试，一门课程可以有多名学生参与考试。

因此，实体集与联系间应当标注“M”和“N”。

单击“插入”选项卡“文本框”下拉列表中的“横版文本框”按钮，当鼠标指针变为“+”后，在绘图工作界面选择插入文本位置单击即可。

输入 M 或 N 完毕后，选中文本可以在“字体”组中调整文本参数，选择文本框可以调整其大小和位置，如图 1-5-6 所示。

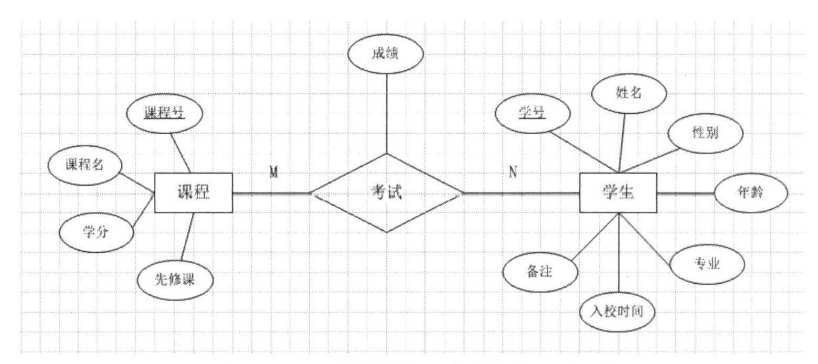

图 1-5-6　“教务管理系统”的 E-R 图

（7）将图形插入到 WORD 文档中。

方法一：选择整个图形后，按 Ctrl+C 组合键复制后在需要插入的 Word 文档中按 Ctrl+V 组合键进行粘贴即可。

方法二：将绘制完成的 Visio 文件保存到指定位置，在 Word 文档中使用“插入”选项卡“文本”组中的“对象”按钮，弹出“对象”对话框，如图 1-5-7 所示。

单击“浏览”按钮找到指定的 Visio 文件，单击“确定”按钮即可完成该 Visio 图形的插入，如图 1-5-8 所示。

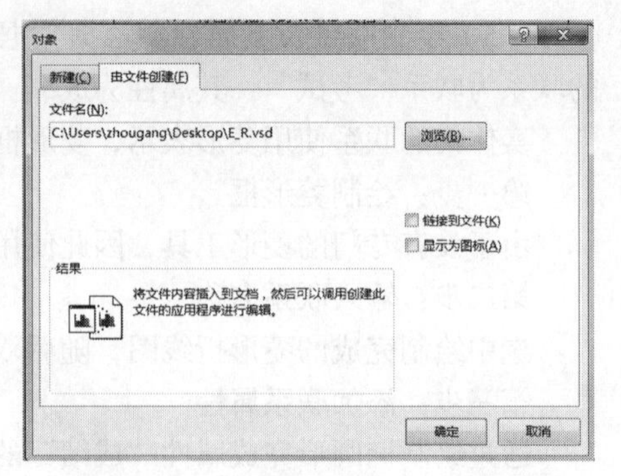

图 1-5-7　在 Word 中插入 Visio 文件

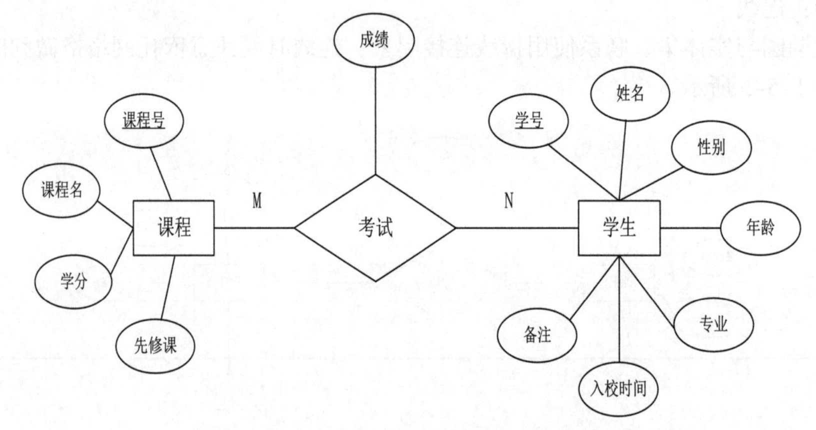

图 1-5-8　在 word 中插入的 visio 图形

3. 实战练习

【练习】

（1）在 Visio 中绘制某公司组织机构图，如图 1-5-9 所示。

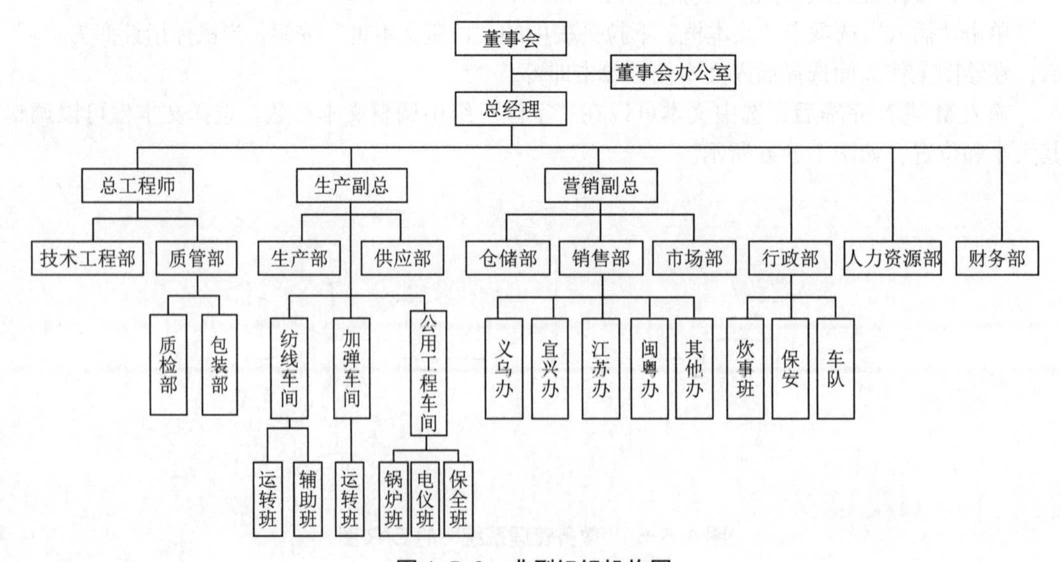

图 1-5-9　典型组织机构图

（2）在 Visio 中绘制某宾馆管理信息系统数据库的 E-R，如图 1-5-10 所示。

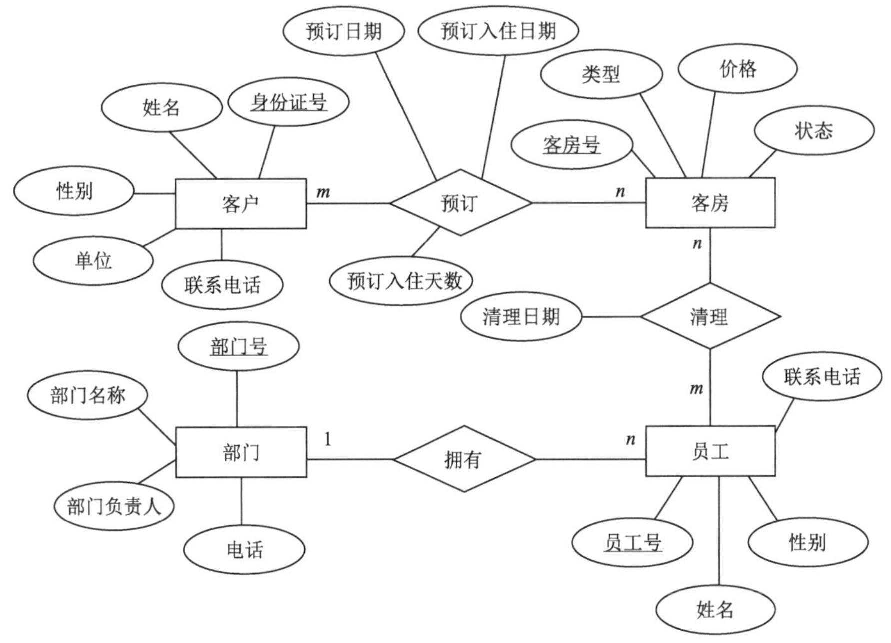

图 1-5-10　某宾馆管理信息系统数据库 E-R 图

实验 18　程序流程图的绘制

1. 实验目的

（1）熟悉流程图的基本概念。

（2）掌握利用图形库完成一个典型流程图的绘制。

2. 实验内容

【范例 1】了解流程图

以特定的图形符号说明，表示算法的图，称为流程图或框图。

流程图内，在工业领域每一个框代表一道工序，流程线则表示两相邻工序之间的衔接关系，这是一个有向线，其方向用它上面的箭头标识，用以指示工序进展的方向。在工序流程图上不允许出现几道工序首尾相连的圈图或循环回路，对每道工序还可以再细分，还可以画出更精细的统筹图，这一点完全类似于算法的流程图表示：自顶向下，逐步细化。在程序框图内允许有闭合回路，而在工序流程图内不允许出现闭合回路。

程序流程图是一种传统的算法表示法，程序流程图是人们对解决问题的方法、思路或算法的一种描述。它利用图形化的符号框来代表各种不同性质的操作，并用流程线连接这些操作。在程序的设计（在编码之前）阶段，通过画流程图，可以帮助人们厘清程序思路。

基本流程图形状如图 1-5-11 所示。

其中判定一般引出两条业务流，上面标注 Y 与 N，是与否等。例如，描述“做完作业才可以看电视”这句话使用判定的方法的流程图如图 1-5-12 所示。

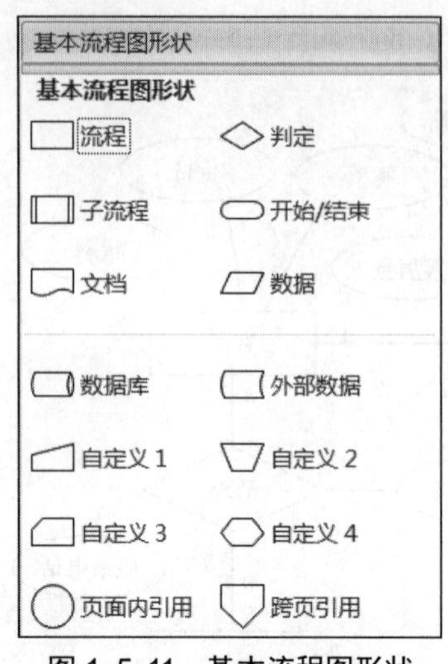

图 1-5-11 基本流程图形状

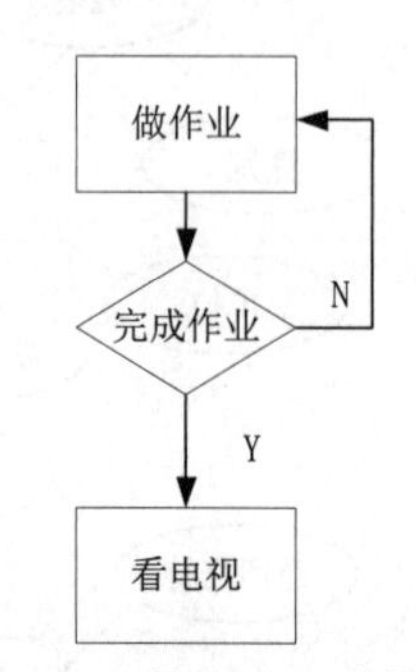

图 1-5-12 基本分支流程图

C 语言有 3 种基本的程序结构：顺序结构、选择结构和循环结构，用流程图描述如下：

（1）顺序结构。某程序需要 A，B，C 三步完成，顺序结构如图 1-5-13 所示。

（2）选择结构。某程序需要经过 A 条件的判定，成立时执行 B，否则执行 C，则其选择结构如图 1-5-14 所示。

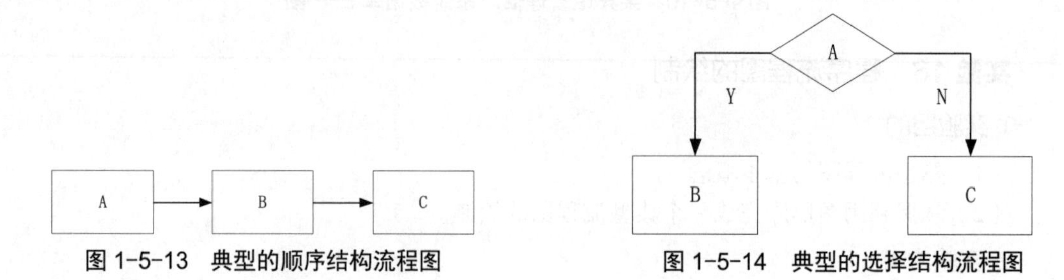

图 1-5-13 典型的顺序结构流程图

图 1-5-14 典型的选择结构流程图

（3）循环结构。某程序需要一直执行 A，直到不符合条件 B 的判定，则执行 C，则其循环结构如图 1-5-15 所示。

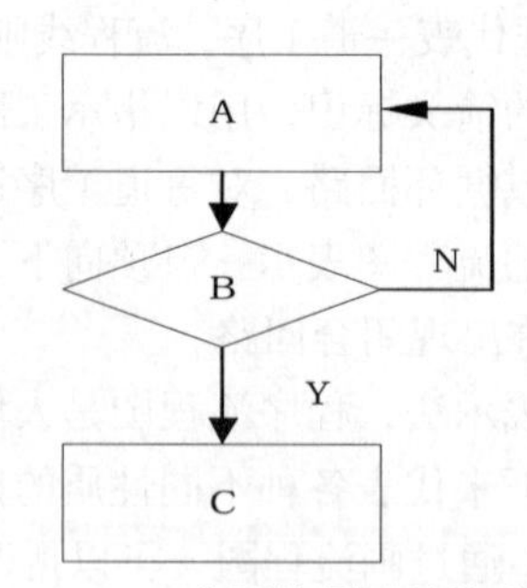

图 1-5-15 典型的循环结构流程图

【范例 2】绘制流程图

问题背景：求 A，B，C 三个数中的最大值。

基本思路：先判断 AB 中的较大值赋值给 MAX，然后比较 MAX 和 C，其中较大值就是 3 个数中的最大值。

操作步骤如下：

（1）打开 Visio 2010 及流程图图形库。新建一个 Visio 文件，打开新建的 vsd 文件。

方法一：在选择绘图类型中选择“流程图”中的“基本流程图”，如图 1-5-16 所示。

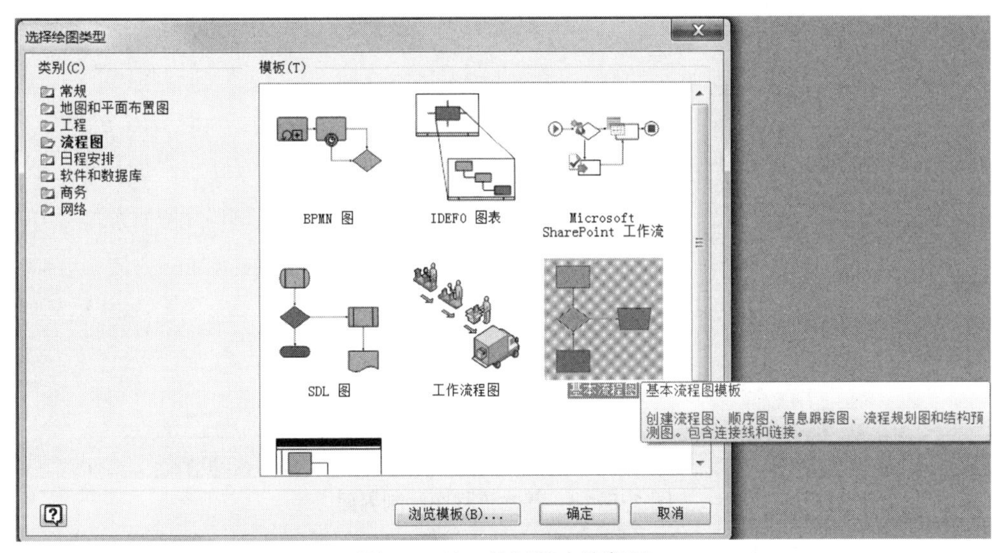

图 1-5-16　绘制基本流程图

方法二：在主界面的左侧“形状”库存中选择“更多形状”→“流程图”→“基本流程图形状”即可，如图 1-5-17 所示。

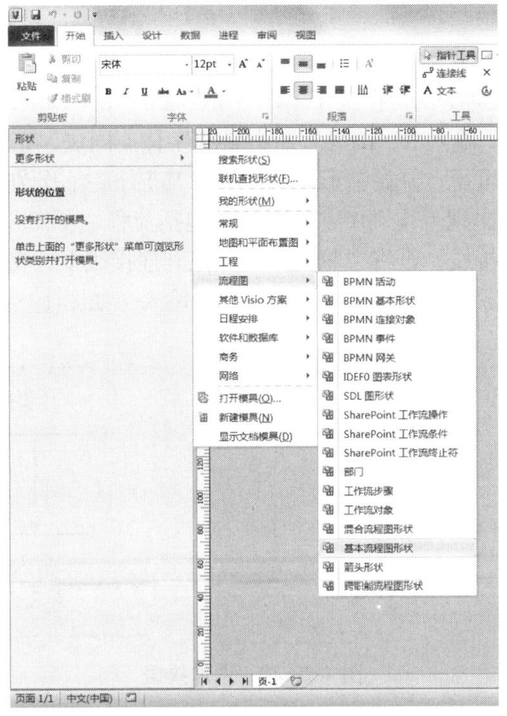

图 1-5-17　绘制基本流程图

基本流程图绘制界面，如图 1-5-18 所示。

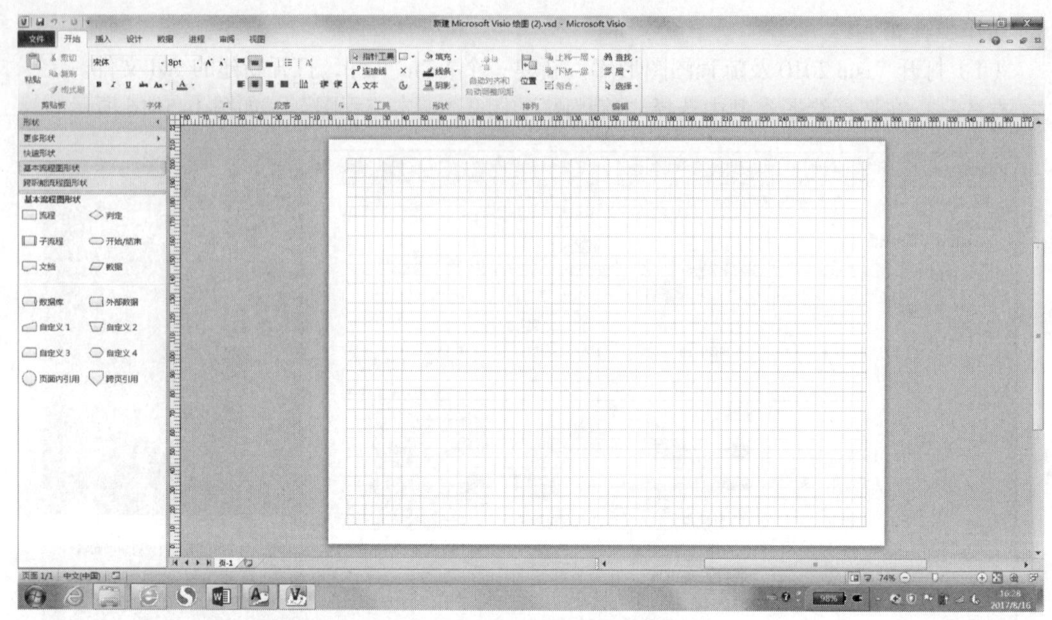

图 1-5-18　基本流程图绘制界面

（2）打开 Visio 2010 及流程图图形库。

第一步：绘制开始与结束

将“开始\结束”形状从左侧“形状”库中拖入到绘图工作区，并双击该形状，输入文本“开始”，并调整字体，如图 1-5-19 所示。同法，完成“结束”的绘制。

图 1-5-19　开始

第二步：绘制输入与输出

方法一：将“数据”形状从左侧“形状库”中拖入到绘图工作区，并双击该形状，输入文本“输入 A，B，C”，并调整字体。同法，完成“输出 MAX”的绘制。

方法二：将鼠标指针置于“开始”形状的中间，其上下左右分别出现一个“▲”箭头，将鼠标指针移到向下箭头将出现流程图中常用形状，包括流程、子流程、判定和开始\结束。任选一个后，将自动出现连接线，再将“数据”选择拖到连接线上，将自动完成连接。随后删除之前任意添加的形状，并双击“数据”形状完成文本输入，如图 1-5-20 所示。

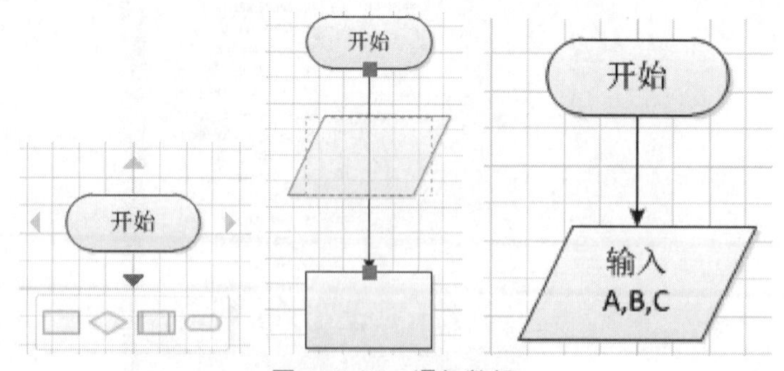

图 1-5-20　添加数据

第三步：绘制其他

按照上述方法绘制其他流程形状。其中，使用多根线连接到同一形状时，也可以使用图

5–20 的方法，按住“▲”箭头移动到要连接的形状，如图 1–5–21 所示。

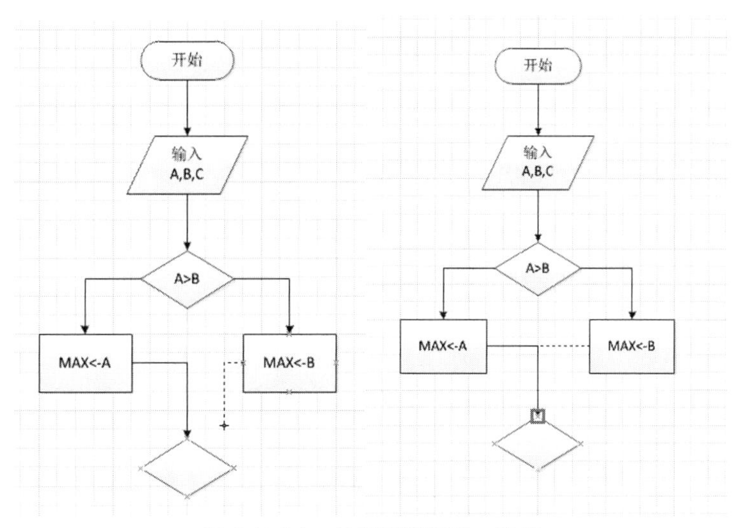

图 1–5–21　多根线连接同一形状

第四步：绘制完成及调整

最后调整图形并添加判定上的文字，最后效果如图 1–5–22 所示。

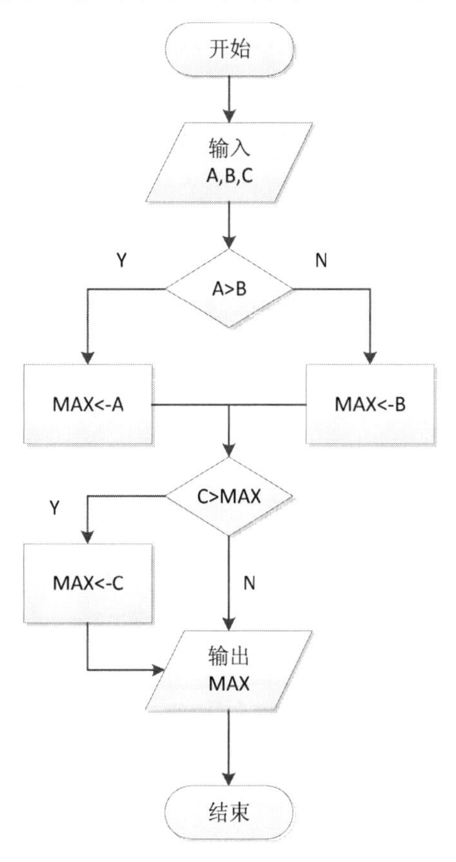

图 1–5–22　求最大值流程图

3. 实战练习

【练习】

（1）在 Visio 的“形状”库中，使用 UML 用例图绘制某公司的用例图，如图 1-5-23 所示。

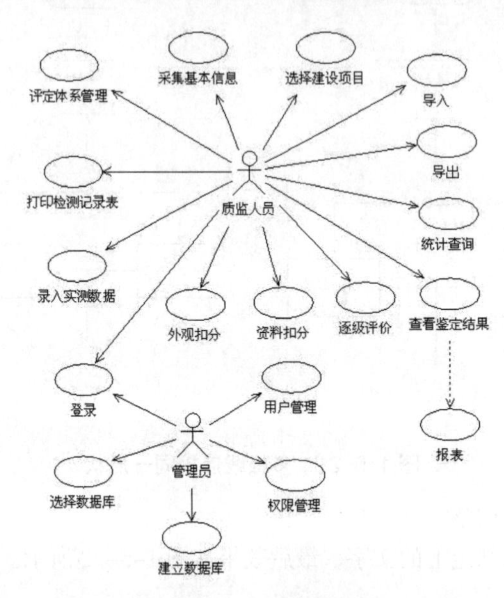

图 1-5-23　典型用例图

（2）在 Visio 的“形状”库中，使用建筑设计图绘制宿舍的基本建筑和设施布置情况。

（3）在 Visio 中画出求和 1+2+3+…+100 求和的流程图，如图 1-5-24 所示。

提示：

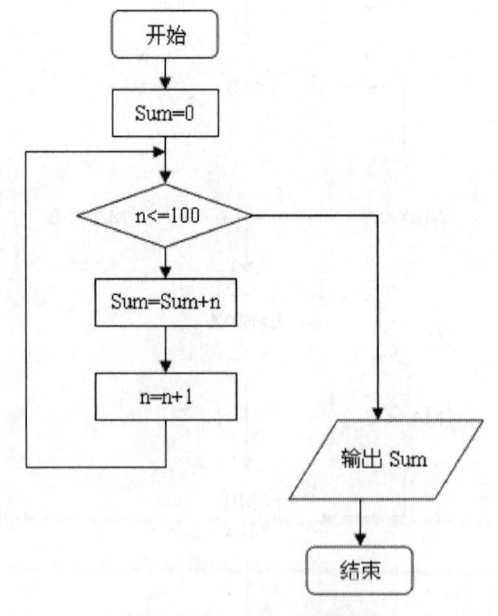

图 1-5-24　求和流程图

4. 思考题

（1）Visio 还能完成哪些图形的设计和绘制？

（2）自学 Photoshop、Flash、会声会影等经典多媒体工具的使用方法。

第 6 章 综合应用

6.1 内容提要

本章运用之前所学的 Office 2016 的相关软件操作方法和应用技能，针对生活、工作和学习中遇到的实际问题，完成相关综合操作。

6.2 实验内容

实验 19 基础应用技能综合运用

1. 实验目的

（1）复习所学的计算机基础操作相关知识和方法。

（2）综合运用所学解决实际问题，提升知识应用能力。

2. 实验内容

【范例 1】图文设计

简报制作“谁不说我家乡好”。

综合利用 Office 2016 相关工具制作一份介绍家乡基本情况的简报。

要求：

（1）2–3 人一组配合完成。

（2）使用 A4 纸张（可以根据内容选择更大纸张），横版制作。

（3）需要有图文混排。

提示案例如图 1–6–1 和图 1–6–2 所示。

图 1-6-1　图文设计示例 1

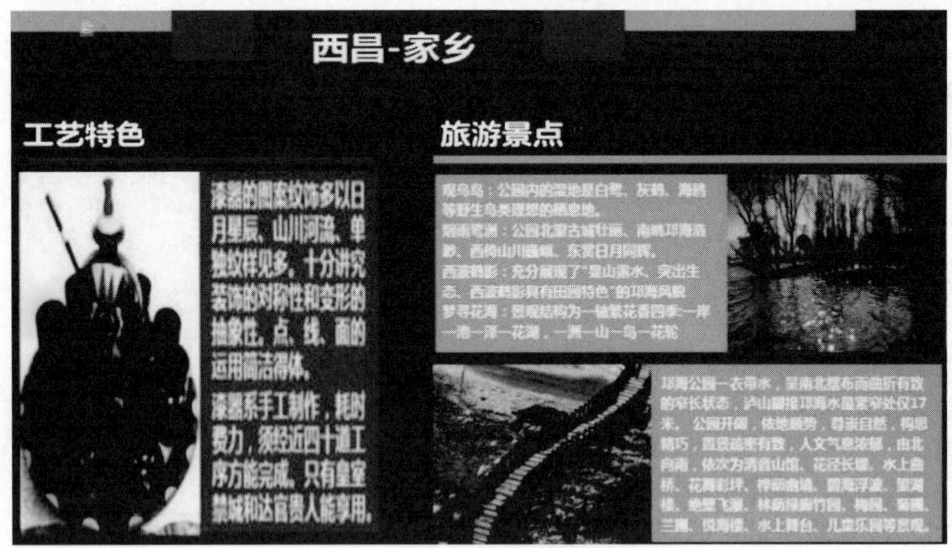

图 1-6-2　图文设计案例 2

【范例 2】数据分析

综合利用 Office 2016 相关工具制作数据分析资料

要求：

（1）2 ～ 3 人一组配合完成；

（2）使用网络搜索相关数据；

（3）数据分析结果最好使用图表形式展示；

（4）彩色打印，标注学号、姓名信息。

提示案例如图 1-6-3 所示。

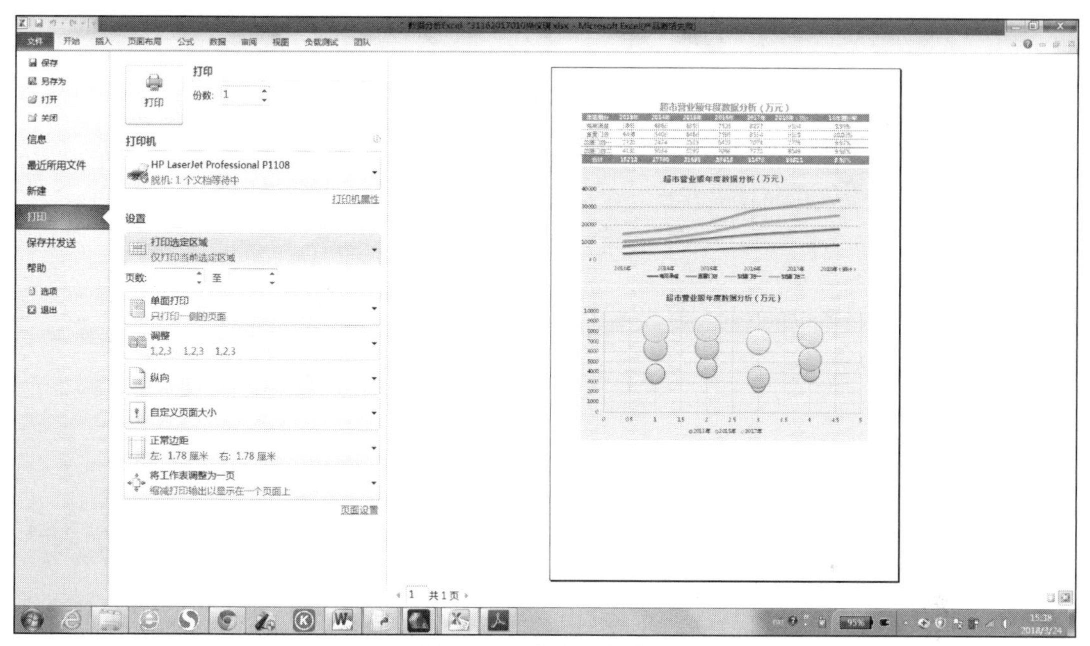

图 1-6-3　数据分析案例

【范例 3】演示汇报“家乡美”

综合利用 Office 2016 相关工具制作介绍家乡基本情况或一个典型景点、小吃、风俗等的一个演示文稿。

要求：

（1）2 ～ 3 人一组配合完成；

（2）使用网络搜索相关信息资源；

（3）结构简明，外观炫丽；

（4）标注学号、姓名信息。

提示案例如图 1-6-4 所示。

图 1-6-4　家乡美 PPT 案例

第二部分
Python 综合设计实验

实验 1　第一个 Python 程序

1. 实验目的

（1）熟悉 Python 的主要特点和编程环境；

（2）掌握执行 Python 模块的安装方法；

（3）试着运行第一个 Python 程序；

（4）掌握执行 Python 命令和脚本文件的方法。

2. 实验内容

【范例 1】交互式 shell 编程环境

操作步骤如下：

（1）启动 Python3.6。

在 Windows 中安装完 Python3.6 后，会在“开始”菜单的“所有程序”中出现一个“Python3.6”分组，如图 2-1-1 所示。选择“Python 3.6 (64-bit)”命令，即可打开 Python 命令窗口，如图 2-1-2 所示。也可以打开 Windows 命令窗口，然后运行 Python 命令，打开 Python 命令窗口。

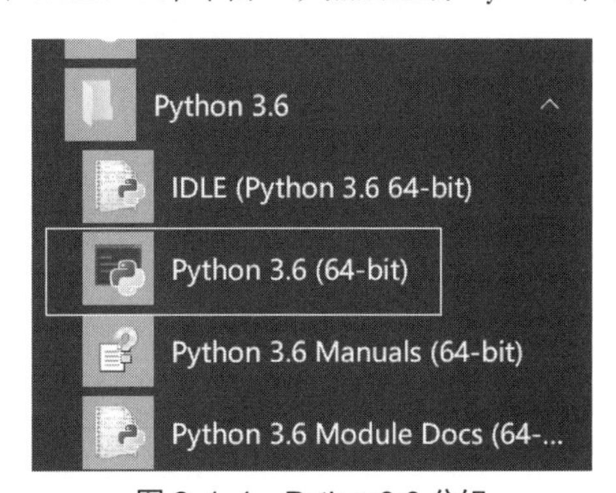

图 2-1-1　Python3.6 分组

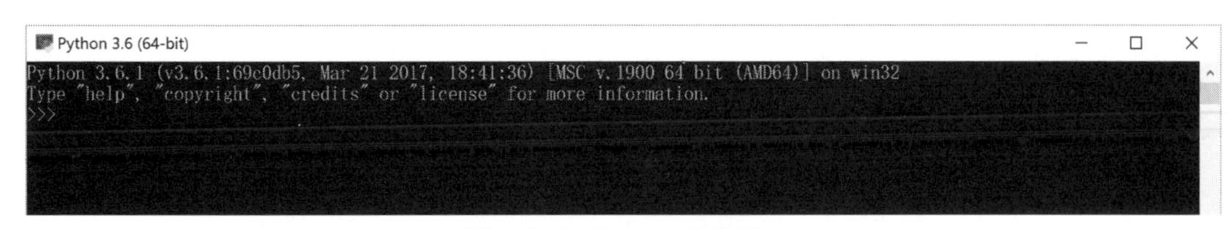

图 2-1-2　Python 命令窗口

（2）输入 Python 命令。

在提示符“>>>”后输入 Python 命令即可，如图 2-1-3 所示。

```
Python 3.6 (64-bit)
Python 3.6.1 (v3.6.1:69c0db5, Mar 21 2017, 18:41:36) [MSC v.1900 64 bit (AMD64)] on win32
Type "help", "copyright", "credits" or "license" for more information.
>>> print("hello")
hello
>>>
```

图 2-1-3　Python 命令运行界面

【练习】在 Python 命令窗口练习输入以下脚本，并记录屏幕的输出结果。

```
>>> print("hello world")        屏幕的输出结果：____________________
>>> print('This is fun!')       屏幕的输出结果：____________________
>>> print(1)                    屏幕的输出结果：____________________
>>> print(3.1415926)            屏幕的输出结果：____________________
>>> print(3e20)                 屏幕的输出结果：____________________
>>> print(1+1*3)                屏幕的输出结果：____________________
>>> print(3>5)                  屏幕的输出结果：____________________
>>> x = '1234''abcd'
>>> x                           屏幕的输出结果：____________________
>>> x = x + ',!?'
>>> x                           屏幕的输出结果：____________________
>>>print('Hello\nWorld')        屏幕的输出结果：____________________
>>> [1, 2, 3] + [4, 5, 6]       屏幕的输出结果：____________________
>>> (1, 2, 3) + (4)             屏幕的输出结果：____________________
>>> 'A' + 1                     屏幕的输出结果：____________________
>>> True + 3                    屏幕的输出结果：____________________
>>> False + 3                   屏幕的输出结果：____________________
>>> "a" * 10                    屏幕的输出结果：____________________
>>> [1,2,3] * 3                 屏幕的输出结果：____________________
>>> 3 in [1, 2, 3]              屏幕的输出结果：____________________
>>> bin(15)                     屏幕的输出结果：____________________
```

【范例 2】利用 IDLE 创建 Python 程序

操作步骤如下：

（1）建立个人文件夹。第 1 次上机时先在本地盘（如 D 盘）建立一个以自己学号命名的文件夹。

（2）启动 IDLE（Python 3.6 64-bit）。

双击 Windows 桌面上的 IDLE（Python 3.6 64-bit）图标，或选择“开始”→“所有程序”→“IDLE (Python 3.6 64-bit)”命令，即可打开 Python 的 IDLE 窗口，如图 2-1-4 所示。

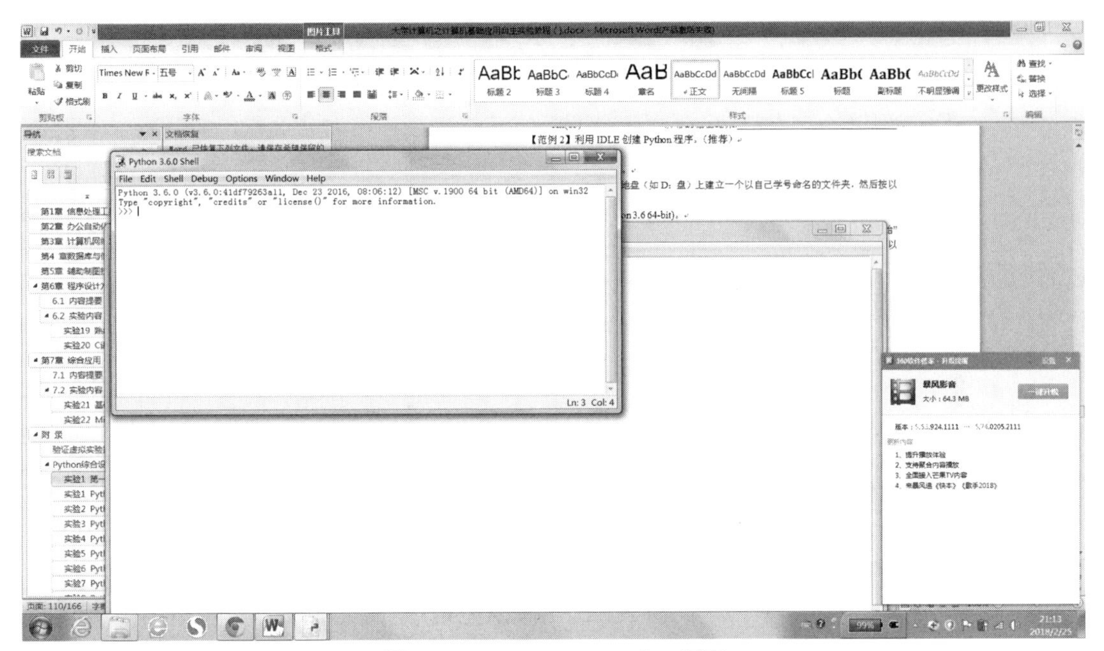

图 2-1-4　Python IDLE 窗口界面

（3）创建一个源文件。在 Python shell 的主菜单中选择“File”→“New File”命令，会打开编辑窗口，如图 2-1-5 所示，可在编辑窗口中编写程序。

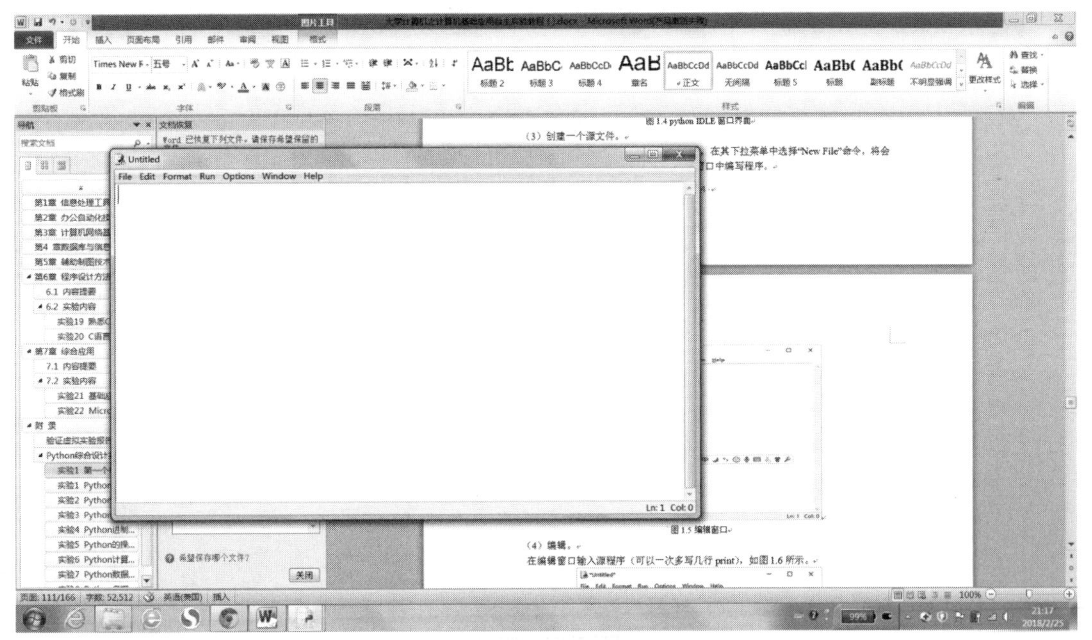

图 2-1-5　编辑窗口

（4）编辑。在编辑窗口输入源程序（可以一次写多行 print 语句），如图 2-1-6 所示。

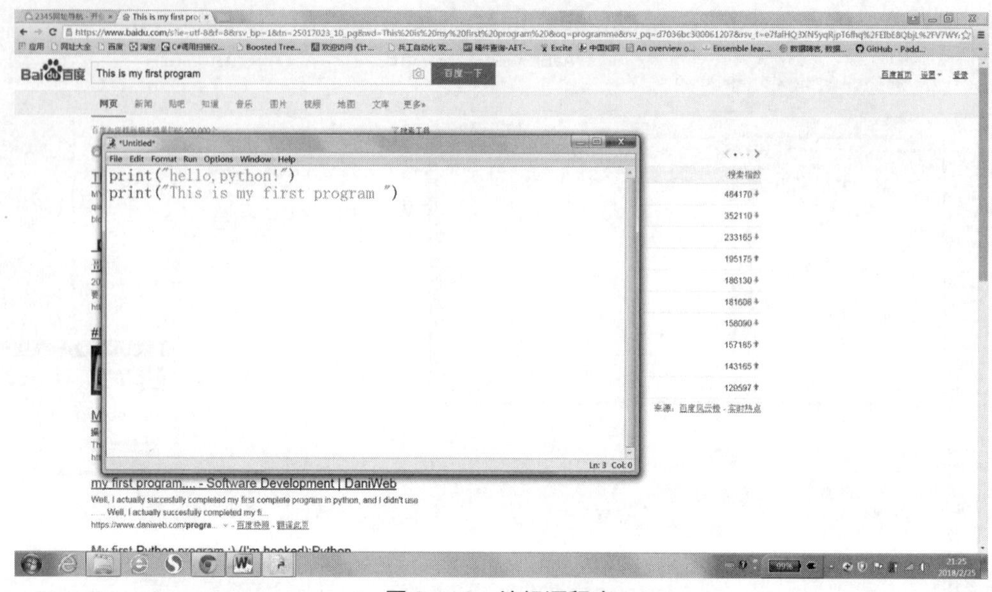

图 2-1-6　编辑源程序

（5）保存程序。选择“File”→“Save As”命令，选择步骤（1）中已建立的以自己学号命名的文件夹，然后在“文件名”文本框内输入源文件名（如 test1），如图 2-1-7 所示，单击“保存”按钮即可。

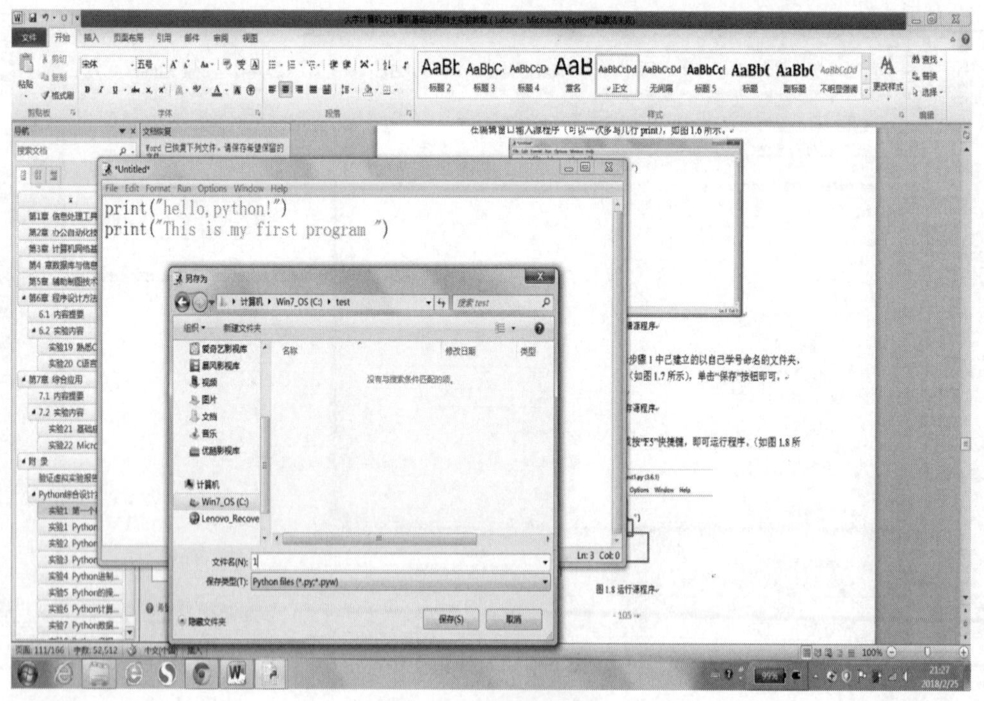

图 2-1-7　保存源程序

（6）运行程序。选择“Run”→“Run Module”命令，或按 F5 键，即可运行程序，如图 2-1-8 所示。程序运行后的结果如图 2-1-9 所示。

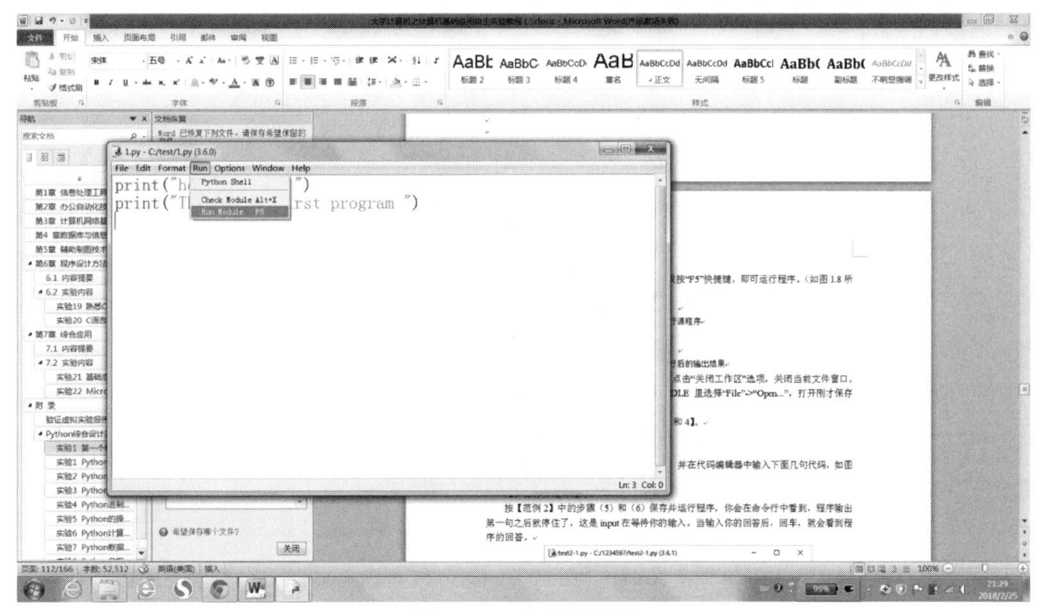

图 2-1-8　运行源程序

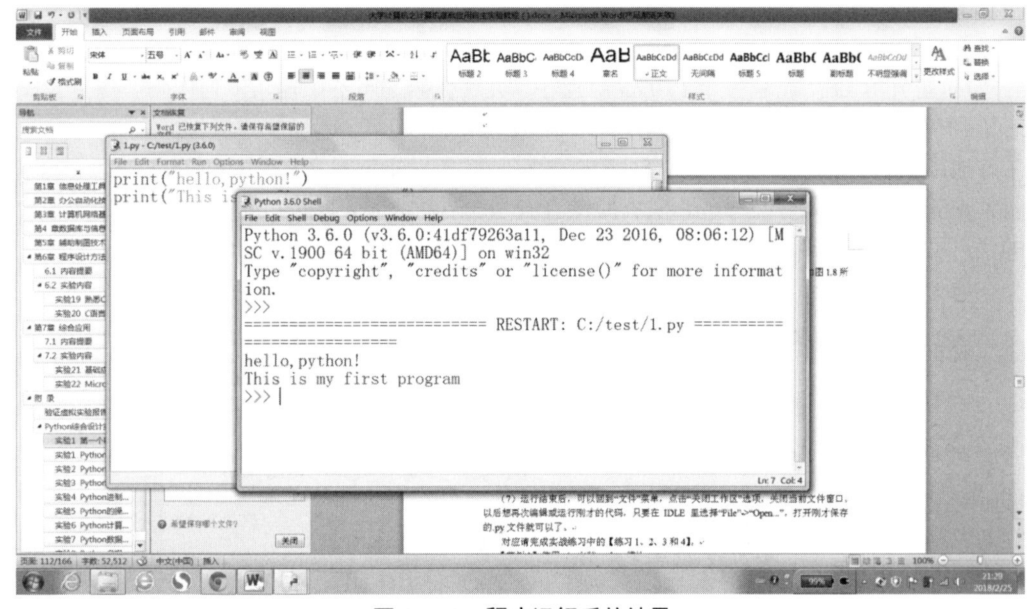

图 2-1-9　程序运行后的结果

（7）运行结束后，可以选择“File”→“Close”命令，关闭当前文件窗口。以后想再次编辑或运行刚才的代码，只要在 IDLE 里选择“File”→“Open”命令，打开刚才保存的 .py 文件即可。

【范例 3】安装 Python 模块

操作步骤如下：

单击“开始”菜单→“命令提示符”命令，或在 [运行] 中输入 cmd 打开，如图 2-1-10 所示。

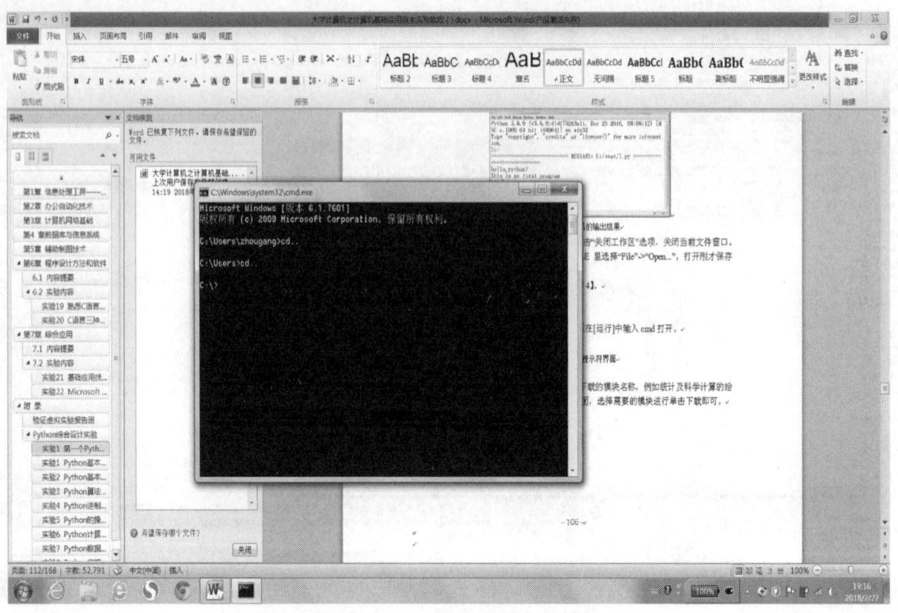

图 2-1-10　命令提示符界面

【范例 4】编程实现计算圆的面积和周长

操作步骤如下：

（1）打开 IDLE，新建一个 Python 源程序，并在代码编辑器中输入下列代码。

（2）安装 Python 模块。

在连接互联网情况下，也可以在命令提示符下输入 python-m pip install module_name 的方法进行模块安装。Python 中的 psutil 模块提供查看系统各种资源状态的方法。该模块是跨平台编写的代码可以在 Windows、Unix、Linux 或 Mac OS X 上运行。

在命令提示符下输入：python-m pip install psutil，如图 2-1-11 所示。

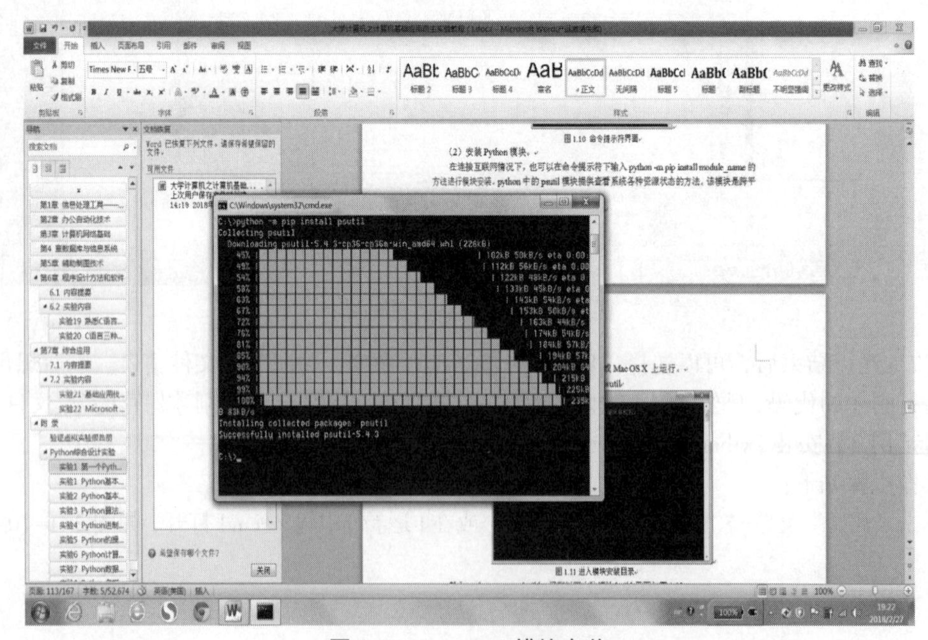

图 2-1-11　psutil 模块安装

使用 python-m pip install-u module_name 命令可以更新指定模块。还有一些我们常见第三方模块，如图形处理的 PIL 模块，解析和处理 XML 文件的 PyXML 模块，连接 MySQL 数据库的 MySQLdb 模块，图形界面接口的 Tkinter 模块，以及一些 Python 自带模块，如发送电子邮件的 smtplib 模块，ftp 编程的 ftplib 模块，多媒体操作的 PyMedia 模块。

（说明：在程序中"""、# 为注释，一般用 # 号注释一行，用"""（三个英文引号）注释多行）

（3）保存并运行程序。

按【范例 2】中的步骤（5）和（6）保存并运行程序，输入数字 3，你会在命令行中看到如图 2–1–12 的输出。

```
pi=3.1415
n=input("Enter an int number:")
print(type(n))# 查看 n 的数据类型
r=int(n)# 将 n 强制转化为 int 类型
print(type(r)) # 查看 r 的数据类型
area=pi*r*r# 计算面积
length=2*pi*r# 计算周长
print(" 面积为: ",area)
print(" 周长为: ",length)
```

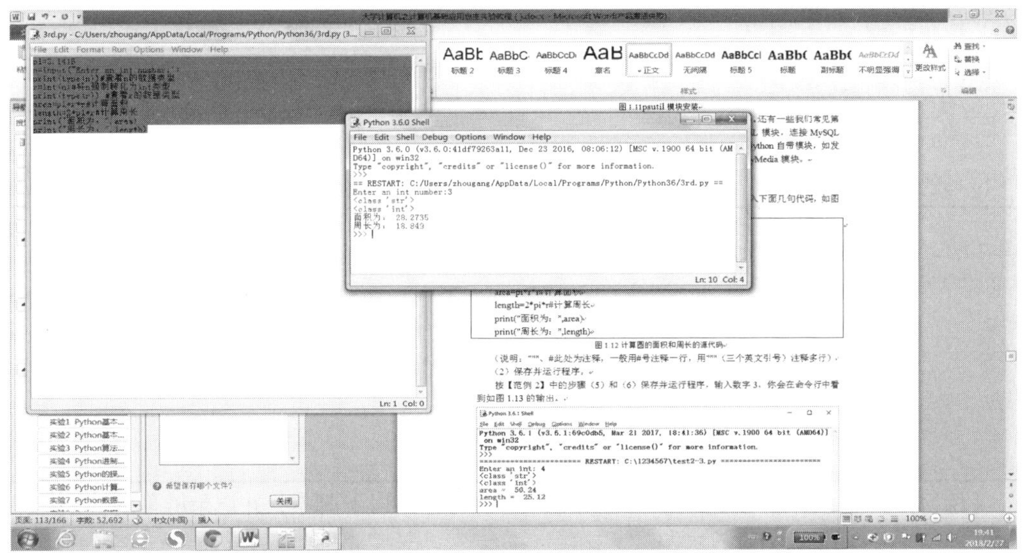

图 2–1–12　计算圆的面积和周长程序示例

3. 实战练习

【练习 1】使用 IDLE 创建一个 Python 程序，输入以下脚本，并记录屏幕的输出结果。

```
print("Hello World!")
print("Hello Again.")
print("******************************")
print('欢迎学习 Python')
print("******************************")
##print("******************************")
print(123+222)
print(1+2+3+4+5+6+7+8+9+10)
print (((3**2) + (4**2)) ** 0.5)
```

屏幕的输出结果：

【练习 2】使用 IDLE 创建一个 Python 程序，输入以下脚本，并记录屏幕的输出结果。

```
a=10
b=4
c=1.5
print(a+b)
print(a-b)
print(c*4)
print(a/b)
print(a//b)
print(a%b)
print(a<=b)
print(a>b)
print(a==1+9)
print(2!=5-3)
```

屏幕的输出结果：

【练习 3】使用 IDLE 创建一个 Python 程序，练习输入以下脚本，并记录屏幕的输出结果。

```
print("%d %d %d" %(1,2,3))
print("%d %d %d"%(1.1,2.5,3.6))
print("%e %e %e"%(1.1,2.5,3.6))
print("%f %f %f"%(1.1,2.5,3.6))
print("%5.2f %5.3f %.4f"%(3.1415926,3.1415926,3.1415926))
```

屏幕的输出结果：

【练习 4】使用 IDLE 创建一个 Python 程序，练习输入以下脚本，并记录屏幕的输出结果。

```
a = 20
b = 10
c = 15
d = 5
e = 0
e = (a + b) * c / d       #( 30 * 15 ) / 5
print("(a + b) * c / d 运算结果为：",  e)
e = ((a + b) * c) / d     # (30 * 15 ) / 5
print("((a + b) * c) / d 运算结果为：",  e)
e = (a + b) * (c / d);    # (30) * (15/5)
print("(a + b) * (c / d) 运算结果为：",  e)
e = a + (b * c) / d;      # 20 + (150/5)
print("a + (b * c) / d 运算结果为：",  e)
```

屏幕的输出结果：

【练习 5】使用 IDLE 创建一个 Python 程序实现人机欢迎对话，要求根据姓名、性别、年龄、学号等信息给出欢迎词，如图 2–1–13 所示。

```
Python 3.6.1 Shell
File  Edit  Shell  Debug  Options  Window  Help
Python 3.6.1 (v3.6.1:69c0db5, Mar 21 2017, 18:41:36) [MSC v.1900 64
bit (AMD64)] on win32
Type "copyright", "credits" or "license()" for more information.
>>>
====================== RESTART: C:/1234567/test2-1.py =============
==========
Enter your name:
张三
Oh, hello 张三!
Enter your sex:
男
Oh, you are 男!
Enter your age:
18
Oh, you are 18 years old!
Enter your num:
012345678
Oh, you num is 012345678!
>>> |
```

图 2–1–13　欢迎词程序运行界面

【练习 6】输入一个三位自然数，计算并输出其百位、十位和个位上的数字。（你可以想到几种方法？）

【练习 7】使用 IDLE 创建一个 Python 程序，输入三角形的三条边 a，b，c，计算并输出三角形的面积，结果输出为浮点数，其中小数点后 3 位。（面积求解请使用海伦公式，面积 $=\sqrt{(s*(s-a)*(s-b)*(s-c))}$ 其中 $s=\frac{1}{2}(a+b+c)$。）

提示：

1. 请在程序开头输入“from math import *”，导入数学库函数用于计算开平方。

2.sqrt(x) 函数用于计算 x 的开平方。

【练习 8】Python 绘图。

在 IDLE 下输入以下代码，使用 turtle（海龟）绘制奥运五环。

```
import turtle
p = turtle
p.pensize(3)
p.color(“blue”)
p.circle(30,360)
p.pu()
p.goto(60,0)
p.pd()
p.color(“black”)
p.circle(30,360)
p.pu()
p.goto(120,0)
p.pd()
p.color(“red”)
p.circle(30,360)
p.pu()
p.goto(90,-30)
p.pd()
p.color(“green”)
p.circle(30,360)
p.pu()
p.goto(30,-30)
p.pd()
p.color(“yellow”)
p.circle(30,360)
p.done()
```

运行结果如图 2-1-14 所示：

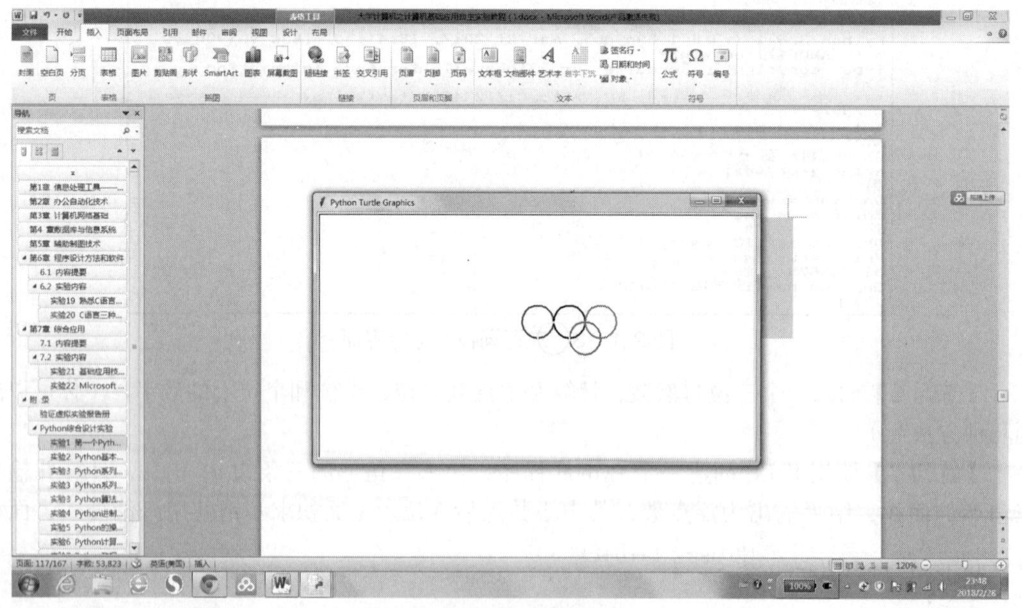

图 2-1-14　奥运五环

实验 2　Python 基本操作

1. 实验目的

（1）掌握 Python 的基本数据类型。

（2）掌握 Python 中字符串的操作。

（3）掌握算术运算、逻辑运算和比较关系运算的方法。

（4）掌握典型的数据类型转化方法。

2. 实验内容

【范例 1】 掌握 Python 中的数字类型

Python 3 中支持 int（整数）、float（浮点数）、bool（布尔值）和 complex（复数）4 种数字类型，可以使用 Python 中的 type() 函数查看数据对象的数据类型。

1）int 类型

在 IDLE 中输入：

```
>>> a=3
>>> a
3
>>> type(a)
<class 'int'>
```

也可以使用十六进制数来表示，十六进制的整数表示方法是在数字前加上 0x，如：

```
>>> a=0x23D
>>> a
573
>>> type(a)
<class 'int'>
```

2）float 类型

在 IDLE 中输入：

```
>>> a=3.5
>>> a
3.5
>>> type(a)
<class 'float'>
```

也可以使用指数形式表示，指数形式用字母 e 或 E 表示，指数或数字前加上 +、- 号即可，如：

```
>>> a=4e5
>>> a
400000.0
>>> type(a)
<class 'float'>
```

这里特别注意，3 和 3.0 虽然数值相同，但是分别属于不同的数字类型，验证如下：

```
>>> a=3
>>> b=3.0
>>> a==b

True
>>> type(a)==type(b)
False
```

3）bool 类型

bool 数字类型的取值为 False 和 True，并只和整数 0、1 具有对应关系，bool 数据类型可以进行逻辑运算（or，and，not）。在 IDLE 中输入：

```
>>> a=(1>2)
>>> a
False
>>> type(a)
<class 'bool'>
>>> a==1
False
>>> a==0
True
```

bool 数据类型进行算术运算是没有意义的，会当作整数 0 和 1 进行，验证如下：

```
>>> a=False
>>> b=True
>>> a+b
1
>>> a*b
0
```

4）complex 类型

复数是使用浮点数表示实数和虚数部分，其中虚数用字母 j 或 J 表示，复数的 real 和 image 属性分别取该复数的实数和虚数部分。在 IDLE 中输入：

```
>>> a=1.5+0.5j
>>> a.real
1.5
>>> a.imag
0.5
>>> type(a)
<class 'complex'>
```

也可以使用 complex() 函数将两个实数数值转化为复数，如：

```
>>> complex(7.8,3.2)
(7.8+3.2j)
```

【范例 2】字符串的常见操作

1）字符串的初始化

字符串定义可以使用一对单引号（' '）、双引号（" "），或一对三单引号（''' '''）、三双引号（""" """），采用三单引号和三双引号时，包含其内的字符串可以跨行。字符串也可以使用输入函数 input() 来定义。在 IDLE 中输入：

```
>>> 'python'
'python'
>>> "python"
'python'
>>> """python is very
good"""
'python is very\ngood'
>>> a=input("输入名字：")
输入名字：张三
>>> a
'张三'
```

注意：\ 是转义字符，\n 表示换行，\\ 表示反斜杠，\' 表示单引号，\" 表示双引号。

```
>>> a="李白说：\"床前明月光，疑是地上霜。\""
>>> a
'李白说："床前明月光，疑是地上霜。"'
```

2）字符串的截取

字符串中以第一个字符为 0 开始编号，可以选取其中某一个字符，也可用“m:n”选取从第 m 到第 n–1 个字符，使用负数时表示从后往前数。在 IDLE 中输入：

```
>>> s='123456789'
>>> s[2]
'3'
>>> s[0:9]
'123456789'
>>> s[1:4]
'234'
>>> s[0:-1]
'12345678'
>>> s[-3:-1]
'78'
>>> s[-3:9]
'789'
```

3）字符串的计算

在 Python 中，字符串可以进行加法和乘法计算，加法表示两个字符串连接，乘法表示字符串的重复。在 IDLE 中输入：

```
>>> s="pyt"
>>> t='hon'
>>> s+t
'python'
>>> s*3+t
'pytpytpython'
```

4）字符串的常用方法

字符串查找：查找当前字符串中，是否包含另外的字符串。可使用字符串方法 index() 或 find() 进行查找，查找到返回字符串所在位置。其区别在于，如果使用 index() 方法查找，在字符串查找中，如果找不到相应的字符串，会抛出一个 ValueError 的异常，而 find() 则返回 -1。

在 IDLE 中输入：

```
>>> s="123456789"
>>> s.find("234")
1
>>> s.index("234")
1
>>> s.find("134")
-1
>>> s.index("134")
Traceback (most recent call last):
  File "<pyshell#97>",line 1,in <module>
    s.index("134")
ValueError: substring not found
```

也可以使用 in 语句实现类似功能，如下：

```
>>> s="123456789"
>>> "23" in s
True
>>> "13" in s
False
```

字符串长度：计算字符串的长度，即其中包含字符的个数，使用 len() 方法实现。还可使用 count() 计算字符串中某一个字符或字符串的个数，返回 int。

在 IDLE 中输入：

```
>>> s="123456789"
>>>len(s)
9
>>> s="11122343456"
>>> s.count('1')
3
>>> s.count('3')
2
>>> s.count('23')
1
```

字符串转换：将字符串实现大小写互换，lower() 用于转换为小写，upper() 用于转换为大写，swapcase() 用于大小写互换。

在 IDLE 中输入：

```
>>> s="python is GOOD"
>>> s.lower()
'python is good'
>>> s.upper()
'PYTHON IS GOOD'
>>> s.swapcase()
'PYTHON IS good'
```

5）字符串的格式化

Python 的字符串格式化有两种方式：% 格式符方式，format 方式。

例如，要介绍某位学生，一般为“该学生姓名为张三，年龄 18，体重 55.3 千克。”其中姓名、年龄和体重分别由变量 n、a 和 w 表示，使用 % 格式符方式在 IDLE 中输入：

```
n=" 张三 "
a=18
w=55.3
print(" 该学生姓名为 %s, 年龄 %d, 体重 %f"%(n,a,w))
```

运行后，输出结果如图 2-2-1 所示。

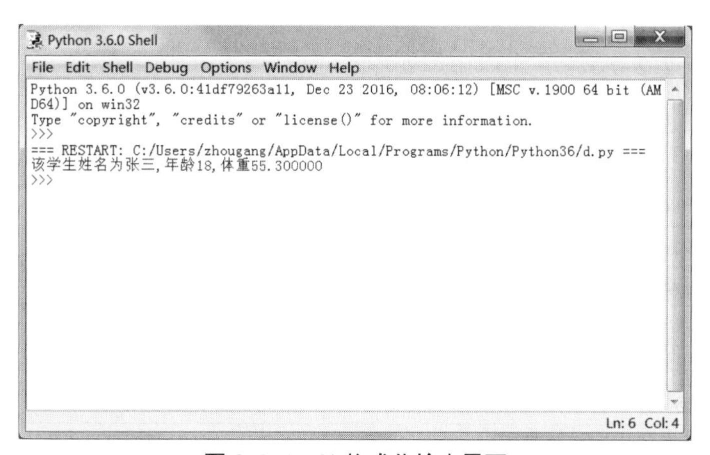

图 2-2-1　% 格式化输出界面

在 print 语句中前半部分的 %s%d%f 为后面括号内变量的输出格式，%s 表示用字符串替换，%d 表示用整数替换，%f 表示用实数替换，有几个 % 占位符，后面就跟几个变量或者值，顺序要对应好。如果只有一个 %，括号可以省略。

观察图 2-2-1 发现，体重的小数点后面有 6 位，表明 %f 默认输出保留 6 位小数点，不足部分用 0 补齐，也可以使用 %.nf 控制只保留 n 位小数。

```
print(" 该学生姓名为 %s, 年龄 %d, 体重 %.1f"%(n,a,w))
```

此时输出结果如图 2-2-2 所示。

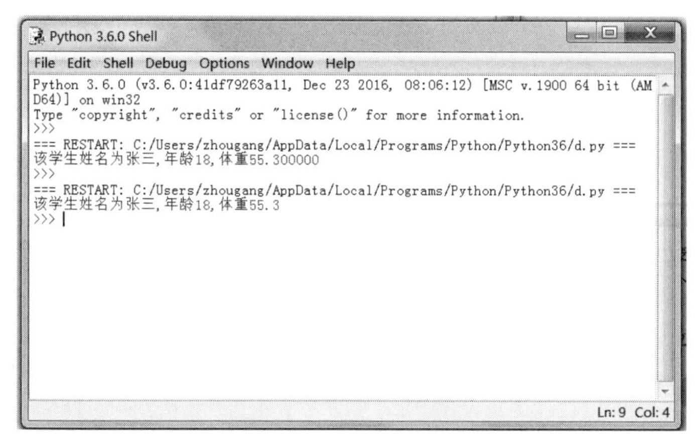

图 2-2-2　% 格式化输出界面

使用 format 方式在 IDLE 中输入：

```
n="张三"
a=18
w=55.3
print("该学生姓名为{0:s}，年龄{1:d}，体重{2:0.1f}".format(n,a,w))
```

运行结果与图 2-2-2 相同。这里 Print 语句前半部分的 {n:f}，其中 n 表示由后面变量表中的第几个变量替换，f 表示用哪种格式展示，与 % 格式化方法类似，s 为字符串，d 为十进制整数，f 为浮点数，默认保留 6 位小数。

读者可以使用这两种方法完成实验 1 的练习 5。

【范例 3】 常见算术运算

算术运算见表 2-2-1。

表 2-2-1　算术运算

运算符	描　　述	实　　例
+	加：两个对象相加	a + b 的输出结果 30
–	减：得到负数或是一个数减去另一个数	a – b 的输出结果 –10
*	乘：两个数相乘	a * b 的输出结果 200
/	除：x 除以 y	b / a 的输出结果 2
%	取模：返回除法的余数	b % a 的输出结果 0
**	幂：返回 x 的 y 次幂	a**b 为 10 的 20 次方
//	取整除：返回商的整数部分	9//2 的结果为 4，9.0//2 的结果为 4.0

假设 a=9，b=4，

在 IDLE 中输入：

```
>>> a,b=9,4
>>> a+b
13
>>> a-b
5
>>> a*b
36
>>> a/b
2.25
>>> a%b
1
>>> a**b
6561
>>> a//b
2
```

特别注意 / 和 // 的区别，验证如下：

```
>>> 8/2
4.0
>>> 8//2
4
```

求数值 a 的开方，可以使用 a**0.5 的形式。

【范例 4】常见逻辑运算

逻辑运算见表 2-2-2。

表 2-2-2　逻辑运算

运算符	描　　述	实　　例
and	与：两个对象都为 True 时结果为 True	a and b 输出结果 False
or	或：有一个对象为 True 时结果为 True	a or b 输出结果 True
not	非：反转操作数的逻辑状态	not a 输出结果 True

假设 a=False，b=True，在 IDLE 中输入：

```
>>> a,b=True,False
>>> a and b
False
>>> a or b
True
>>> not a
False
```

【范例 5】常见比较关系运算

关系运算见表 2-2-3。

表 2-2-3　比较关系运算

运算符	描　　述	实　　例
==	两个操作数的值相等，则条件为真	(a == b) 求值结果为 False
!=	两个操作数的值不相等，则条件为真	(a != b) 求值结果为 True
>	左操作数的值大于右操作数的值，则条件成为真	(a > b) 求值结果为 False
<	左操作数的值小于右操作数的值，则条件成为真	(a < b) 求值结果为 True
>=	左操作数的值大于或等于右操作数，则条件成为真	(a >= b) 求值结果为 False
<=	左操作数的值小于或等于右操作数，则条件成为真	(a <= b) 求值结果为 True

比较 (关系) 运算符比较它们两边的值，并确定它们之间的关系。假设变量 a 的值 10，变量 b 的值是 20，

在 IDLE 中输入：

```
>>> a,b=10,20
>>> a==b
False
>>> a!=b
True
>>> a>b
False
>>> a<b
True
>>> a>=b
False
>>> a<=b
True
```

由于比较关系运算的结果为 True 或 False，是 bool 数据类型，因此多个比较关系运算表达

式可以使用逻辑运算，从而实现更加复杂的比较关系判断。如判断一个数 a 是否能同时被 3 和 7 整除，如下：

```
>>> a=15
>>> a%3==0 and a%7==0
False
>>> a=42
>>> a%3==0 and a%7==0
True
```

【范例 6】数据类型转化

在前面实验项目中，我们知道 Python 中输入函数 input() 默认输入为 str 类型，当需要输入整数时，需要使用类型转化函数 int() 将输入的字符串转化为 int 类型。在 Python 中常见的数据类型转化函数及其用法见表 2-2-4。

表 2-2-4 数据类型转化函数及其用法

函数格式	使用示例	描　　述
int(x)	int("8")	转换包括 String 类型和其他数字类型，但会丢失精度
float(x)	float(1)　float("1")	转换 String 和其他数字类型，不足的位数用 0 补齐，例如 1 会变成 1.0
complex(real ,imag)	complex("1") complex(1,2)	第一个参数可以是 String 或者数字，第二个参数只能为数字类型，第二个参数没有时默认为 0
str(x)	str(1)	将数字转化为 String，结果为 "1"
eval(str)	eval("12+23")	执行一个字符串表达式，返回计算的结果，如例子中返回 35

在 IDLE 中输入：

```
>>> s=input(" 输入你的年龄 :")
输入你的年龄 :19
>>> type(s)
<class 'str'>
>>> t=int(s)
>>> t
19
>>> type(t)
<class 'int'>
>>> t=eval(s)
>>> t
19
>>> type(t)
<class 'int'>
```

这里给出了两种典型的字符串转化为 int 的方法。

3. 实战练习

【练习 1】使用 Python 计算下列表达式的值。

6.0+2

6+2

(3+4i)*(2−4i)

True or False

not False

【练习 2】使用 Python 对下列诗句进行处理。

我住长江头，君住长江尾。

日日思君不见君，共饮长江水。

此水几时休，此恨何时已。

只愿君心似我心，定不负相思意。

（1）按照格式要求输入上述诗句。

（2）计算诗句长度和“君”字出现的次数。

（3）判断文中是否出现“长江”和“黄河”。

【练习 3】使用 Python 对下列语句进行处理。

The first computer is “ENIAC”

（1）按照格式要求输入上述语句。

（2）将小写字母改为大写，再将大小写字母互换。

（3）输出单词“computer”。

【练习 4】统计输入字符串的单词个数，单词之间用空格分隔。

输入字符串：this is a python program

其中单词个数为 5

【练习 5】闰年的判断。

闰年的判断方法：四年一闰，百年不闰，四百年再闰。

也就是说普通年（不能被 100 整除的年份）能被 4 整除的为闰年（如 2004 年就是闰年，1999 年不是闰年）；世纪年（能被 100 整除的年份）能被 400 整除的是闰年（如 2000 年是闰年，1900 年不是闰年）。

利用 Python 实现对于输入的年份 n，列出表达式判断其是否为闰年。

【练习 6】韩信点兵。

西汉大将韩信，由于比较年轻，开始他的部下对他不很佩服。有一次阅兵时，韩信要求士兵分三路纵队，结果末尾多 2 人，改成五路纵队，结果末尾多 3 人，再改成七路纵队，结果又余下 2 人，后来下级军官向他报告共有士兵 2395 人，韩信立即笑笑说不对。

使用 Python 编程判断输入的士兵人数 s 是否正确，如果输入 2395，返回 False，输入 2333 则返回 True。

实验 3 Python 系列数据类型

1. 实验目的

（1）掌握列表的定义和常见操作。

（2）掌握元组的定义和常见操作。

（3）掌握字典的定义和常见操作。

2. 实验内容

【范例 1】列表 list 的定义和常见操作

Python 内置的一种数据类型是列表：list。list 是一种有序的集合，可以随时添加和删除其中的元素。

定义一个 list 对象 classmates，列出班里所有同学的名字，并对其进行相关操作。

在 IDLE 中输入：

```
>>> classmates=['Michael', 'Bob', 'Tracy']# 定义 list
>>> classmates
['Michael', 'Bob', 'Tracy']
>>> len(classmates)# 计算 classmates 的元素个数
3
>>> classmates[0] # 访问 classmates 中的第一个元素
'Michael'
>>> classmates[1] # 访问 classmates 中的第二个元素
'Bob'
>>> classmates[2] # 访问 classmates 中的第三个元素
'Tracy'
>>> classmates[3] # 访问 classmates 中的元素索引越界，报错
Traceback (most recent call last):
  File "<stdin>",line 1,in <module>
IndexError: list index out of range
>>> classmates[-1] # 访问 classmates 中的最后一个元素
'Tracy'
>>> classmates[-2] # 访问 classmates 中的倒数第二个元素
'Bob'
>>> classmates[-3] # 访问 classmates 中的倒数第二个元素
'Michael'
>>> classmates[-4] # 访问 classmates 中的元素索引越界，报错
Traceback (most recent call last):
  File "<stdin>",line 1,in <module>
IndexError: list index out of range
```

以上 list 的操作和 str 数据类型基本类似，ist 是一个可变的有序表，在 list 中可对指定索引位置的元素进行增加、修改、删除等操作。

在 IDLE 中输入：

```
>>> classmates[1]="Jobs"# 修改 classmates 列表第二个元素值为 Jobs
>>> classmates
['Michael','Jobs','Tracy']
>>> classmates.append('Adam') # 往 classmates 中追加元素到末尾
>>> classmates
['Michael','Jobs','Tracy','Adam'] # 往 classmates 中索引号为 1 的位置插入元素
>>> classmates.insert(1,'Jack')
>>> classmates
['Michael','Jack','Jobs','Tracy','Adam']
>>> classmates.pop()# 删除 classmates 末尾的元素
'dam'
>>> classmates.pop(1) # 删除 classmates 索引号为 1 的元素
'Jack'
>>> classmates
['Michael','Jobs','Tracy']
```

list 里面的元素的数据类型也可以不同，比如：

```
>>> L=['Apple',123,True]
```

list 元素也可以是另一个 list，比如：

```
>>> s=['python','java',['asp','php'],'scheme']
>>> len(s)
4
```

要注意 s 只有 4 个元素，其中 s[2] 又是一个 list，如果拆开写就更容易理解：

```
>>> p=['asp','php']
>>> s=['python','java',p,'scheme']
```

题目 1：求列表 s=[9,8,7,3,2,1,55] 的元素个数、最大值、最小值，并删除值为 1 的元素并将 32 插入到第 4 个索引位置。

在 IDLE 中输入：

```
>>> s=[9,8,7,3,2,1,55]
>>> len(s) # 求 s 的元素个数
7
>>> max(s) # 求 s 的最大值
55
>>> min(s) # 求 s 的最小值
1
>>> i=s.index(1) # 求 s 中值为 1 的元素索引位置
>>> i
5
>>> s.pop(i) # 删除 s 中第 i 个位置的元素
1
>>> s.insert(4,32) # 将 32 插入到 s 中第 4 个位置
>>> s
[9,8,7,3,32,2,55]
```

题目 2：某节目对参选歌手进行打分并求最终得分，计分方法是去掉一个最高分和一个最低分，然后求平均分。假设评委给某位歌手打分存放于列表 s=[90,85,78,83,82,81,75] 中，计算

其最终得分。

在 IDLE 中输入：

```
s=[90,85,78,83,82,81,75]
ss=sum(s) #求歌手总分
print(ss)
ss=ss-max(s)-min(s) #去掉一个最高分和一个最低分
print(ss)
avg=ss/(len(s)-2) #求平均分
print(avg)
```

sort() 方法是对列表进行排序，考虑使用排序方法完成上述歌手评分任务。

【范例 2】元组 tuple 的定义和常见操作

元组是一组有序系列数据，包含零个或多个对象引用。元组和列表十分类似，但元组是不可变对象，不能修改、添加或删除元组中的项目，但可以访问。

（1）元组的定义方法

元组定义可以使用多种方法实现，在 IDLE 中输入：

```
>>> t1=(0,1,2,3,4,5,6)
>>> t1
(0,1,2,3,4,5,6)
>>> t1=tuple(range(0,7))
>>> t1
(0,1,2,3,4,5,6)
>>> t2=[0,1,2,3,4,5,6]
>>> t1=tuple(t2)
>>> t1
(0,1,2,3,4,5,6)
>>> t1=tuple("python")
>>> t1
('p','y','t','h','o','n')
```

（2）元组的常见操作

元组定义的很多操作与列表类似，主要是对元素的访问操作，在 IDLE 中输入：

```
t=(7,8,5,6,4,2,1)
print(" 元组的最大值为 %d, 最小值 %d "%(max(t),min(t)))
print(" 元组的和为 %d, 元素个数为 %d "%( sum(t),len(t)))
if 5 in t:                                      # 判断 5 是否为元组的元素
        print(5)
else:
        print(0)
```

输出结果如图 2-3-1 所示。

【范例 3】字典 Dictionary 的定义与操作

字典是另一种可变容器模型，且可存储任意类型对象。字典的每个键值 key=>value 对用冒号 (:) 分隔，每个键值对之间用逗号分隔，整个字典包括在花括号 ({}) 中，定义格式在 IDLE 中输入：

```
>>> dict={'Alice':'2001','Beth':'2002','Cecil':'2003'}
>>> dict
{'Alice':'2001','Beth':'2002','Cecil':'2003'}
```

```
Python 3.6.0 Shell
File Edit Shell Debug Options Window Help
Python 3.6.0 (v3.6.0:41df79263a11, Dec 23 2016, 08:06:12) [MSC v.1900 64 bit (AM
D64)] on win32
Type "copyright", "credits" or "license()" for more information.
>>>
== RESTART: C:/Users/zhougang/AppData/Local/Programs/Python/Python36/3rd.py ==
元组的最大值为8,最小值1
元组的和为33,元素个数为7
5
>>>
```

图 2-3-1　元组操作运行界面

字典和列表一样可以存取并修改多个数据。

列表查询元素通过下标，字典查询元素通过：前面的那个值，例如上面代码中的 'Alice' 这个 name 信息。

```
dict={'Alice':'2001','Beth':'2002','Cecil':'2003'}
print("字典元素有%d个，key值为%s，value值为%s"%(len(dict),dict.keys(),dict.values()))
print(dict['Alice'])#输出Alice的学号
temp=input("请输入修改后的值")
dict['Alice']=temp#修改Alice的学号
print("修改后的值为%s"%dict['Alice'])
del dict['Beth']#删除Beth及其学号
print(dict)
```

输出结果如图 2-3-2 所示。

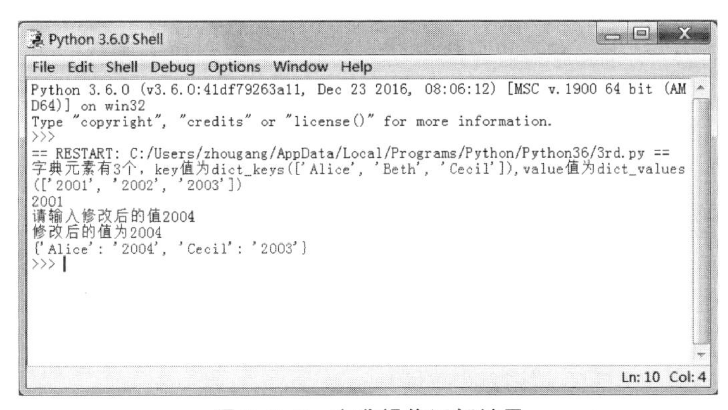

图 2-3-2　字典操作运行结果

3. 实战练习

【练习 1】现有一个有序列表 list1=[2,3,5,6,7,8,9,12,15,16]，输入一个正整数 n，并将 n 插入到 list1 中，并保持 list1 有序。

【练习 2】列出彩虹颜色的元组 tup1，输入一个颜色 col，并判断其是否为彩虹色。

【练习 3】运用字典编写一个通讯录，包括人员姓名和电话号码两个基本信息，并完成人员信息的添加、修改、删除。

【练习 4】运用字典设计一个人员基本信息，包括姓名、性别、学号、专业等信息，并完成人员信息的添加、修改、删除。

实验 4 Python 程序结构

1. 实验目的

（1）掌握 Python 程序的分支语句和多分支语句。

（2）掌握 Python 程序的基本循环语句和多重循环。

（3）了解 Python 程序的函数。

2. 实验内容

【范例 1】 Python 程序的分支语句

题目 1：猜数字（正确数字为 8）。从键盘输入一个数字 n，判断该数字是否是 8，如果是则输出“You win！”；否则，判断输入数字的大小：

n 如果大于 8，则输出“Too high！”

n 如果小于 8，则输出“Too low！”

操作步骤如下：

（1）打开 IDLE，新建一个 Python 源程序，并在代码编辑器中输入：

```
print("welcome!!")
g=input("Guess the number:")
g=int(g)
if g==8:
        print("You win!")
else:
        if g>8:
                print("too high!")
        else:
                print("too low!")
print("Game Over!")
```

（2）保存并运行程序，会在命令行中看到图 2-4-1 所示的输出结果。

思考：要测试该程序是否正确，需要运行源程序 ______ 次。

该分支程序可以改写为多分支程序，具体代码在 IDLE 中输入：

```
print("welcome!!")
g=input("Guess the number:")
g=int(g)
if g==8:
        print("win!")
elif g>8:
        print("too high!")
else:
```

```
        print("too low!")
print("Game Over!")
```

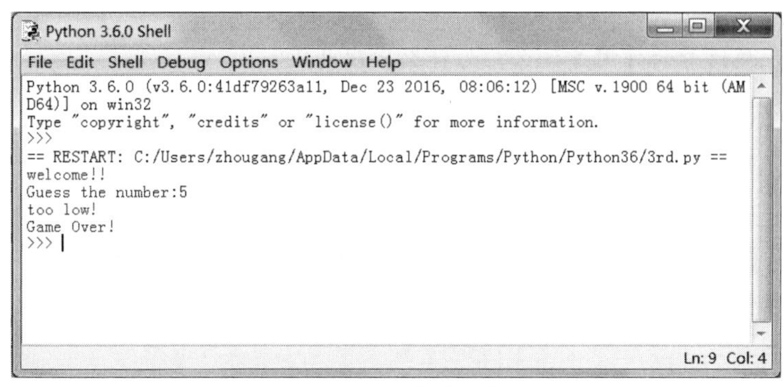

图 2-4-1　猜数字程序运行示例 1

使用 elif 语句可以方便地实现多分支结构程序。

【范例 2】Python 程序的循环语句 while

题目 2：猜数字（正确数字为 8），直到猜对结束，并输出猜数的次数。其他要求同题目 1 的猜数字。

操作步骤如下：

（1）打开 IDLE，新建一个 Python 源程序，并在代码编辑器中输入代码：

```
print("welcome!!")
g=input("Guess the number:")
g=int(g)
while g!=8:
        if g>8:
                print("too high!")
        else:
                print("too low!")
        g=input("Guess the number:")
        g=int(g)
print("You win!")
print("Game Over!")
```

（2）保存并运行程序，会在命令行中看到图 2-4-2 所示的输出结果。

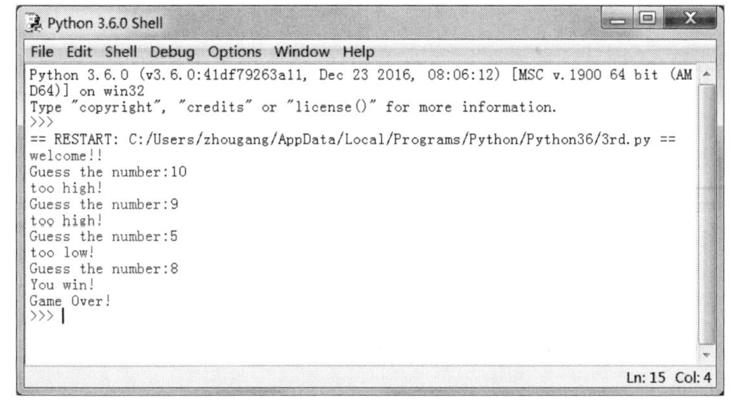

图 2-4-2　猜数字程序运行示例 2

思考:

（1）程序中的 g!=8 语句还可以用什么语句代替？

答案：________________

（2）下列程序语句的作用是什么？为什么出现两次？

```
g=input("Guess the number:")
g=int(g)
```

答案：________________

while 循环语句中经常使用标志变量 flag 作为循环控制语句，上述代码还可以改写为：

```
print("welcome!!")
flag=False
while flag== False:
        g=input("Guess the number:")
        g=int(g)
        if g==8:
                print("win!")
                flag=True
        elif g>8:
                print("too high!")
        else:
                print("too low!")
print("Game Over!")
```

关注 flag 的用法和作用。

【范例 3】 Python 程序的循环语句 for

题目 3：猜数字（正确数字为 8），最多只能猜 3 次，如果猜对则输出“You win！”和猜数的次数。其他要求同题目 1 的猜数字。

操作步骤如下：

（1）打开 IDLE，新建一个 Python 源程序，并在代码编辑器中输入如下代码：

```
print("welcome!!")
for i in range(0,3):
        g=input("Guess the number:")
        g=int(g)
        if g==8:
                print("win!count=%d"%(i+1))
                break
        elif g>8:
                print("too high!")
        else:
                print("too low!")
print("Game Over!")
```

（2）保存并运行程序，会在命令行中看到图 2-4-3 所示的输出结果。

思考:

（1）程序中 break 语句的作用？

答案：________________

（2）计算尝试次数 count，为什么值为 i+1？

答案：____

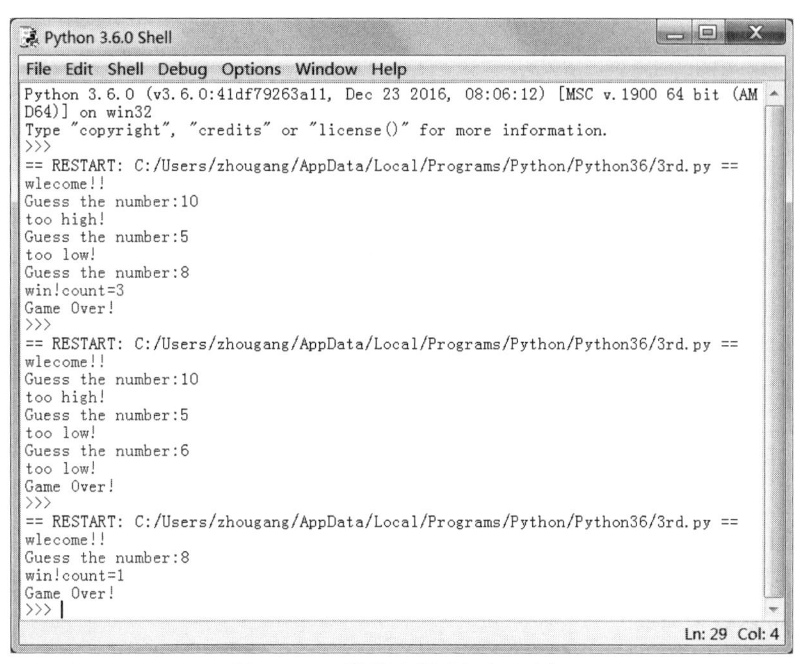

图 2-4-3　猜数字程序运行示例 3

【范例 4】Python 程序中的嵌套循环

鸡兔同笼是中国古代的数学名题之一，大约在 1500 年前，《孙子算经》中就记载了这个有趣的问题。书中是这样叙述的：

今有雉兔同笼，上有三十五头，下有九十四足，问雉兔各几何？

这四句话的意思是：

有若干只鸡兔同在一个笼子里，从上面数，有 35 个头，从下面数，有 94 只脚。问笼中各有多少只鸡和兔？

这是一个典型的二元一次方程组求解问题，假设鸡为 x 只，兔为 y 只，可以将该问题转化为数学问题：

$$\begin{cases} x+y=35 \\ 2*x+4*y=94 \end{cases}$$

操作步骤如下：

（1）打开 IDLE，新建一个 Python 源程序，并在代码编辑器中输入代码：

```
for x in range(0,36):
        for y in range(0,36):
                if x+y==35 and 2*x+4*y==94:
                        print("鸡 %d 只，兔子 %d 只"%(x,y))
                        break
```

（2）保存并运行程序，会在命令行中看到图 2-4-4 所示的输出结果。

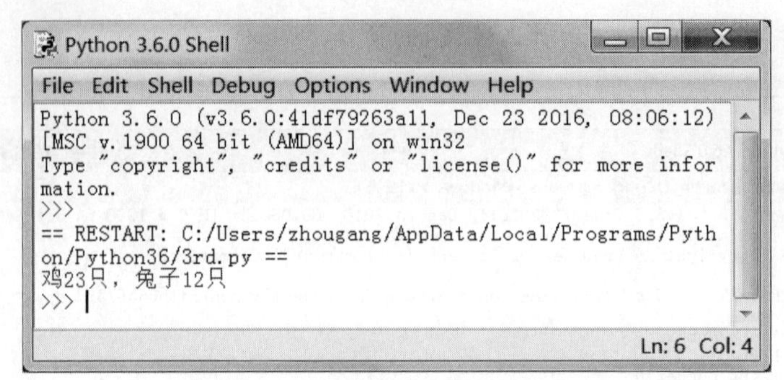

图 2-4-4　嵌套循环源程序的运行结果

思考：

（1）如果方程组无解则输出“无解”，如何修改程序？

答案：______________________________

（2）估算 if 语句的执行次数，如何优化程序？

答案：______________________________

【范例 5】Python 程序中的函数

题目 5：猜数字，输入一系列数据以负数结束的构建列表 s，对目标数字 n 进行猜测，是否猜对用 bingo 函数来完成。

bingo 函数的作用是比较两个数的大小。如果第一个数较小，就输出“too small”；如果第一个数较大，就输出“too large”；如果相等，就输出“bingo”。

函数还有个返回值，当两数相等时返回 True，不相等就返回 False。

操作步骤如下：

（1）打开 IDLE，新建一个 Python 源程序，并在代码编辑器中输入函数 bingo() 的代码：

```
def bingo(x,y):# 定义函数名以及输入参数 x,y
        if x>y:
                print("too low")
                return False# 定义函数返回值
        elif x<y:
                print("too high")
                return False
        else:
                print("bingo")
                return True
```

（2）然后在猜数字程序中使用 bingo 函数，代码如下：

```
s=list()
flag=False
while flag==False:
        n=int(input(" 输入需要判断的数据: "))
        if n>=0:
                s.append(n)
        else:
                flag=True# 构建待判断数列 s
for i in s:
        bingo(i,8)# 调用 bingo 函数
```

bingo 函数把比较两个数的大小这个功能的代码分离出来，在需要时重复使用，这会让程序结构更清晰。

（3）输入一系列数据，并以负数结尾，运行结果如图 2-4-5 所示。

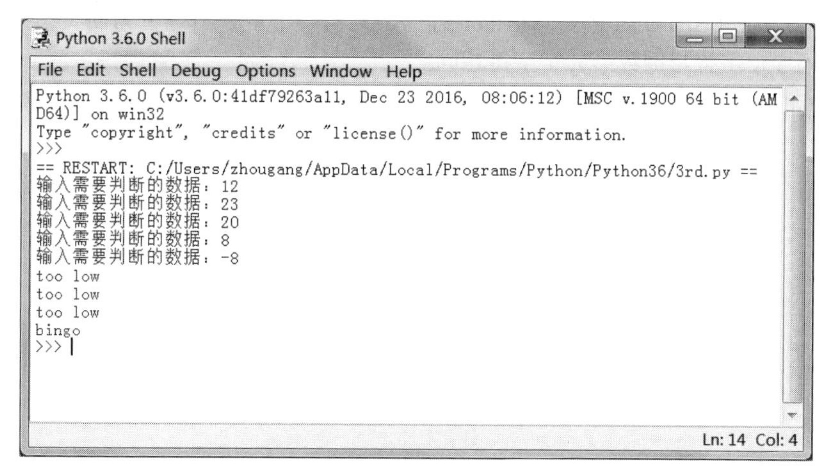

图 2-4-5 函数程序的运行结果

思考：

函数的定义需要必要元素？

答案：____

3. 实战练习

【练习 1】输入一系列学生的成绩作为列表 s，判断学员成绩并给出评价，90（包括 90）到 100 分计为 A，80（包括 800）到 90 分计为 B，70（包括 70）到 80 分计为 C，60（包括 60）到 70 分计为 D，60 分以下计为 E。

【练习 2】使用 IDLE 创建一个 Python 程序，输入小明的身高和体重，帮小明计算他的 BMI 指数（BMI 公式 = 体重（kg）除以身高（m）的平方），并根据 BMI 指数，判断小明的体型。

低于 18.5：过轻

18.5 ~ 25：正常

25 ~ 28：过重

28 ~ 32：肥胖

高于 32：严重肥胖

【练习 3】使用 IDLE 创建一个 Python 程序，计算 1+2+3+…+100 的值（要求使用 while 语句实现）。

【练习 4】使用 IDLE 创建一个 Python 程序，计算 1+2+3+…+1000 的值（要求使用 for 语句实现）。

【练习 5】打印九九乘法表。

【练习 6】使用 IDLE 创建一个 Python 程序，求 1 ~ 200 之间能被 7 整除，但不能同时被 5 整除的所有整数。

【练习 7】使用 IDLE 创建一个 Python 程序，列出 10 元钱能够换成 1 角、2 角和 5 角的零钱的所有可能，并统计有多少种可能。

【练习 8】使用 IDLE 创建一个 Python 程序，使用函数判断输入的数是否为素数，求出 100 ~ 200 之间所有的素数。

【练习 9】使用 IDLE 创建一个 Python 程序，求 1 000 以内最大的素数。

【练习 10】使用 IDLE 创建一个 Python 程序，判断一个字符串是否为回文，如“abccba”即为回文，第 n 个字符与倒数第 n 个字符相同。

【练习 11】使用 IDLE 创建一个 Python 程序，求一个正整数的各位数之和，如输入 123，输出为 6。

实验 5　Python 算法设计与分析

1. 实验目的

（1）掌握计算机问题求解的一般步骤。

（2）掌握递归程序的设计方法。

（3）掌握算法的复杂度计算与优化。

2. 实验内容

【范例 1】计算机解决实际问题

题目 1：某地出租车计费标准为 3 公里以内起步价 10 元，里程计费为每公里 1.8 元，对于 10 公里以上时，按每公里租价加收 50% 的回空费，输入里程公里数计算应收的费用。

第一步：构建数学模型

假设里程数为 x 公里，出租车总费用为 y 元，可以构建一个分段函数 $y=f(x)$，具体定义如下：

$$y=\begin{cases}10 & ;\ x\leqslant 3\\ 10+1.8*(x-3); & 3<x\leqslant 10\\ 10+1.8*7+1.8*1.5*(x-10); & x>10\end{cases}$$

第二步：画出流程图

按照分支程序一般方法画出流程图，如图 2-5-1 所示。

也可以写出伪代码：

```
INPUT x
IF x>3
THEN
   IF x>10 THEN y=10+1.8*7+1.8*1.5*(x-10)
   ELSE y=10+1.8*(x-3)
ELSE
   y=10
OUPUT y
```

第三步：编写代码

使用 Python 程序编写代码，在 IDLE 输入：

```
x=input("出租车里程为：")
x=int(x)
if x<=3:
        y=10
```

```
elif x<=10:
        y=10+1.8*(x-3)
else:
        y=10+1.8*7+1.8*1.5*(x-10)
print("出租车费用为%.2f"%y)
```

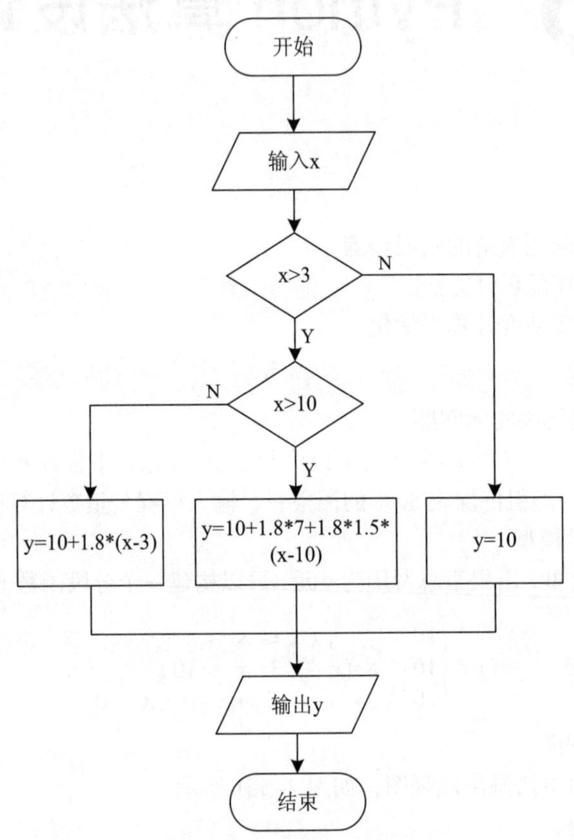

图 2-5-1　分支流程图

分别输入里程数 2、6、15 公里，可以得到图 2-5-2 所示的运行结果。

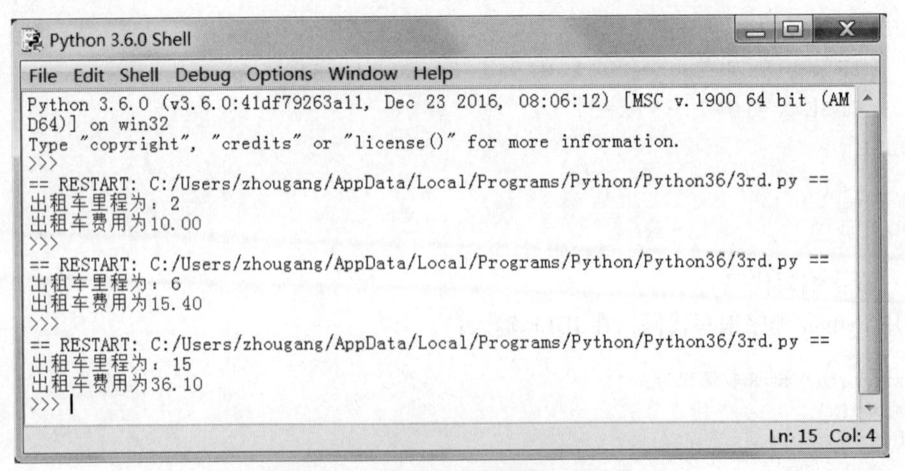

图 2-5-2　出租车计费程序运行结果

【范例 2】递归程序设计

递归函数是在函数内部调用自身的函数，递归程序则是调用了递归函数的程序。递归函数的定义包括 3 个部分，除了正常函数定义需要的函数名、输入和输出，要特别注意极限情况下的函数输出和一般情况下的函数自身调用。

计算阶乘 $n! = 1 * 2 * 3 * ... * n$，用函数 fact(n) 表示。

分析发现 $\text{fact}(n) = n! = 1 * 2 * 3 * ... * (n-1) * n = (n-1)! * n = \text{fact}(n-1) * n$，这是一般情况的函数自身调用，fact($n$) 可以表示为 $n * \text{fact}(n-1)$，极限情况是 n=1 时需要特殊处理，此时 f(1)=1。

在 Python 编程环境下，选择“File”→“New File”命令，输入如下代码：

```
def fact(n):# 定义递归函数
        if n==1:
                return 1#n=1 的极限情况
        else:
                return n*fact(n-1)# 一般情况的规律
print(fact(10))# 调用递归函数，求 10 !
```

运行结果为 3628800。

为了深入了解递归函数的运行过程，将代码修改为：

```
def fact(n):# 定义递归函数
        print(" 递归函数 n="+str(n)+" 被调用 ")
        if n==1:
                return 1#n=1 的极限情况
        else:
                res=n*fact(n-1)
                print(" 当 n="+str(n)+" 的运行结果为 "+str(res))
                return res# 一般情况的规律
print(fact(10))# 调用递归函数，求 10 !
```

运行结果如图 2-5-3 所示。

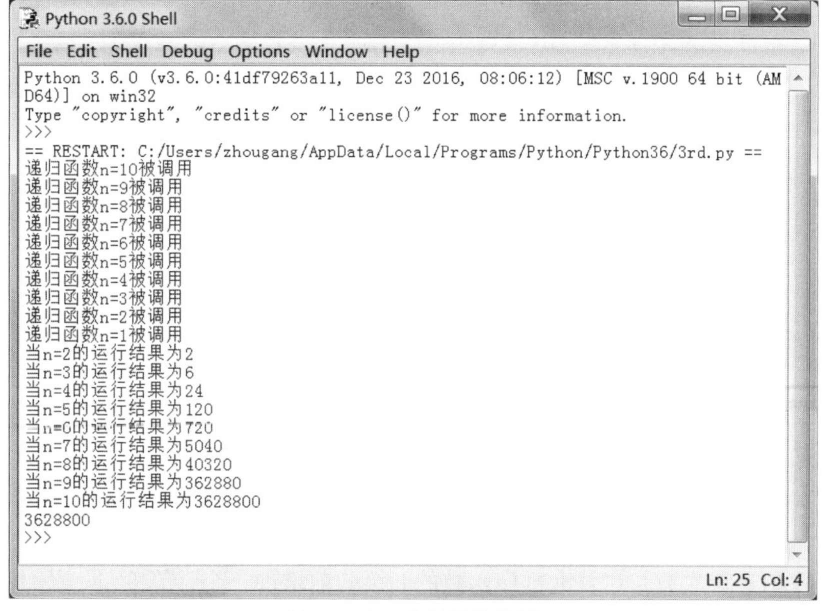

图 2-5-3　递归函数调用

思考：

（1）函数调用的基本规律。

答案：________________

（2）如何使用循环语句实现阶乘计算？

答案：________________

【范例 3】算法的时间复杂度

冒泡排序是一种典型的排序算法，算法原理如下：

（1）从第一位开始比较相邻的两个元素。如果前者比后者大（由小到大排序），那么就交换它们。

（2）针对每一个两两相邻的元素都做比较操作，直到把所有元素比较完，此时最后一个元素是最大值。

（3）此时再在从头比较，重复第二步的操作，直到比较出倒数第二大的元素。

（4）以此类推直到所有的元素全部比较完成，这样从小到大序列即排序完成。

给定若干个正整数，按照从小到大的方式进行排列。

```
def bubbleSort(myList):
    # 首先获取 list 的总长度，为之后的循环比较做准备
    length=len(myList)
        # 一共进行几轮列表比较，一共是 (length-1) 轮
    for i in range(0,length-1):
         # 每一轮的比较，注意 range 的变化，这里需要进行（length-1-i）长的比较，注意 -i 的意义（可以减少比较已经排好序的元素）
        for j in range(0,length-1-i):
            # 交换
            if myList[j] > myList[j+1]:
                myList[j],myList[j+1]=myList[j+1],myList[j]
                # 打印每一轮交换后的列表
        print(myList)
print("Bubble Sort: ")
myList = [1,4,5,0,6]
bubbleSort(myList)
```

程序运行结果如图 2-5-4 所示。

```
Python 3.6.0 (v3.6.0:41df79263a11, Dec 23 2016, 08:06:12) [MSC v.1900 64 bit (AMD64)] on win32
Type "copyright", "credits" or "license()" for more information.
>>>
== RESTART: C:/Users/zhougang/AppData/Local/Programs/Python/Python36/3rd.py ==
Bubble Sort:
[1, 4, 0, 5, 6]
[1, 0, 4, 5, 6]
[0, 1, 4, 5, 6]
[0, 1, 4, 5, 6]
>>>
```

图 2-5-4　冒泡排序算法代码

估算程序的运行次数，在冒泡排序函数的 if 语句前增加一个计算变量，统计函数的比较次数：

```
def bubbleSort(myList):
    # 首先获取 list 的总长度，为之后的循环比较做准备
    length=len(myList)
    # 统计比较次数
    count=0
    # 一共进行几轮列表比较，一共是 (length-1) 轮
    for i in range(0,length-1):
        # 每一轮的比较，注意 range 的变化，这里需要进行（length-1-i）长的比较，注意 -i 的意义（可以减少比较已经排好序的元素）
        for j in range(0,length-1-i):
            # 计数
            count=count+1
            # 交换
            if myList[j] > myList[j+1]:
                myList[j],myList[j+1]=myList[j+1],myList[j]
                # 打印每一轮交换后的列表
        print(myList)
        print(" 比较次数为 %d"%count)
print("Bubble Sort: ")
myList=[1,4,5,0,6]
bubbleSort(myList)bubbleSort(myList)
```

程序运行结果如图 2-5-5 所示。

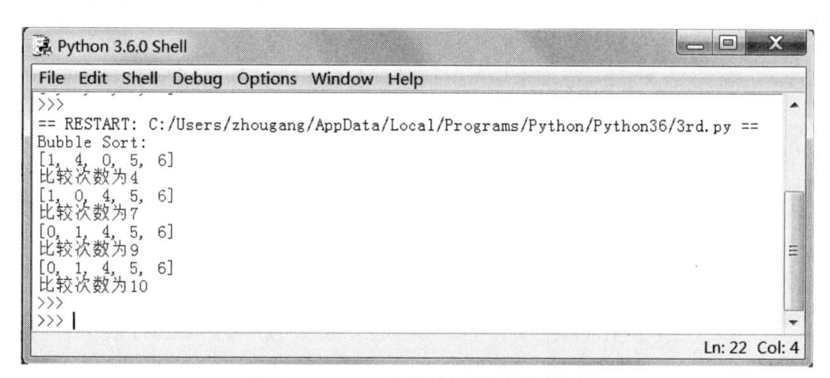

图 2-5-5　5 个数的冒泡排序算法

输入 mylist=[1,4,5,0,6,8,9]，运行结果如图 2-5-6 所示。

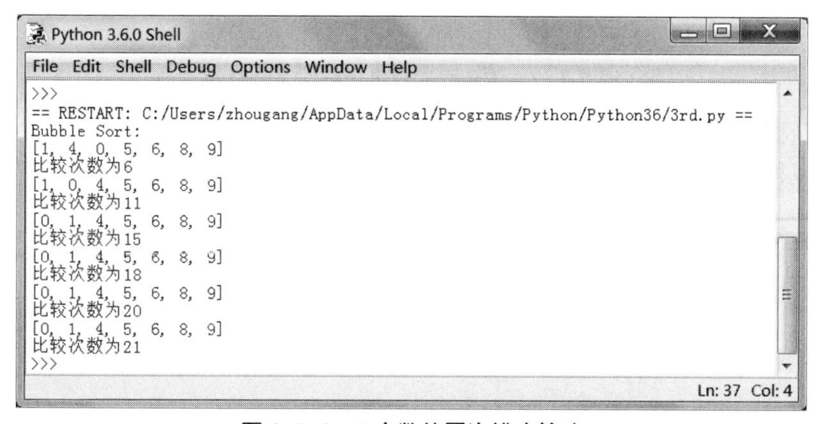

图 2-5-6　7 个数的冒泡排序算法

估算程序执行的时间复杂度，对于 n 个数字的排序，需要比较的次数为$\sum_1^{n-1} i=n(n-1)/4$，如上述代码，5 个元素的冒泡排序比较次数为 10，7 个元素的冒泡排序比较次数为 21。那么冒泡排序的时间复杂度为 $O(n^2)$。

同样，也可以使用计时函数统计程序运行时间，修改调用冒泡函数部分代码为：

```
import time
start=time.clock()#记录程序运行开始时刻
print("Bubble Sort: ")
myList=[1,4]
bubbleSort(myList)
end=time.clock()#记录程序运行结束时刻
print(end-start)#记录程序运行时间
```

从而为程序的优化和降低程序时间复杂度提供计时依据。

【范例 4】算法优化

讨论实验 4 中范例 4 的鸡兔同笼问题，加入计时函数统计程序运行时间，Python 代码调整如下：

```
import time
start=time.clock()#记录程序运行开始时刻
for x in range(0,36):
        for y in range(0,36):
                if x+y==35 and 2*x+4*y==94:
                        print("鸡%d只，兔子%d只"%(x,y))
                        break
end=time.clock()#记录程序运行结束时刻
print("运行时间："+str(end-start))#记录程序运行时间
```

运行结果如图 2–5–7 所示。

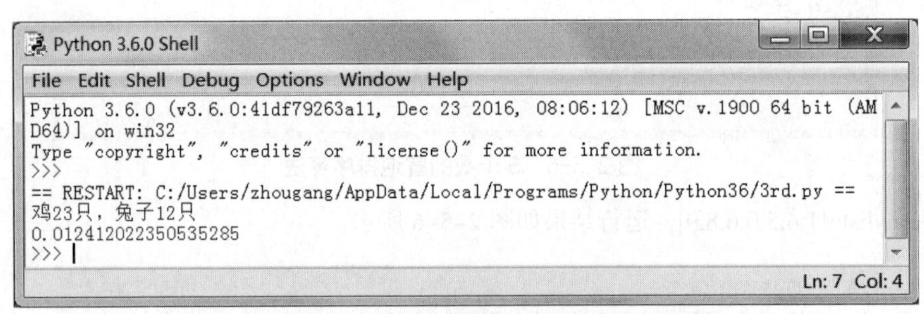

图 2–5–7　鸡兔同笼程序运行结果及时间

假设鸡兔同笼数量为 n，可以估算其算法复杂度为 $O(n^2)$，对该程序进行优化，调整一个循环语句，可以得到：

```
import time
start=time.clock()#记录程序运行开始时刻
for x in range(0,36):
        if 2*x+4*(35-x)==94:
                print("鸡%d只，兔子%d只"%(x,35-x))
                break
end=time.clock()#记录程序运行结束时刻
print("运行时间："+str(end-start))#记录程序运行时间
```

运行结果如图 2-5-8 所示。

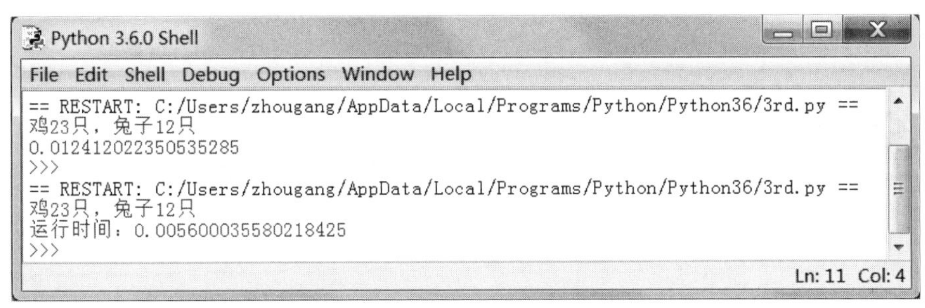

图 2-5-8　鸡兔同笼优化程序运行结果及时间

可以发现，运行时间明显缩短，优化效果较为明显。

3. 实战练习

【练习 1】某市实行阶梯水价按户、按年用水量进行核算，3 个阶梯分别为每户年用水量不超过 120（含）m^3（3.35 元 /m^3）；120 m^3 至 180（含）m^3（4.5 元 /m^3）；180 m^3 以上（7.8 元 /m^3）。

那么，进入阶梯的水费究竟该如何计算？假设用户 A 一家三口，1 ~ 9 月份用水量累计为 130m^3，那么 A 家就已经有 10 m^3 的用水按 4.5 元 /m^3 计算，如果 10 月用水量为 14 m^3，那么 10 月的水费就是 14 × 4.5=63 元；当 A 用户累计用水量超过 180 m^3 时，超出部分就自然按照 7.8 元 /m^3 计算。

那么按照计算机解决实际问题的一般步骤，输入用水量计算其水费。

【练习 2】斐波那契数列又称黄金分割数列、因数学家列昂纳多·斐波那契（Leonardoda Fibonacci）以兔子繁殖为例子而引入，故又称为“兔子数列”，指的是这样一个数列：1，1，2，3，5，8，13，21，34，…，某一项为前两项数之和。使用递归函数计算第 n 项斐波那契数的值。

【练习 3】使用递归函数计算 1+2+3+…+n 的前 n 项之和。

【练习 4】估算下列程序的时间复杂度。

```
def prime(n):
    if n<=1:
        return 0
    for i in range(2,n):
        if n%i==0:
            return 0
    return 1
n=eval(input())
print(prime(n))
```

【练习 5】如何优化上述程序，并使用计时函数验证优化效果。

实验 6　Python 进制转换

1. 实验目的

（1）掌握内置函数实现进制转换的方法。

（2）使用编程实现进制转换。

（3）模拟逻辑电路。

2. 实验内容

【范例 1】使用内置函数进行进制转换

Python 内部具有很多实现进制间转换的函数，具体见表 2-6-1。

表 2-6-1　常用进制间转换的函数

函　数	描　述	实　例
bin(n)	十进制转二进制	bin(12)= '0b1100'
oct(n)	十进制转八进制	oct(12)= '014'
hex(n)	十进制转十六进制	hex(12)= '0xc'
int('n',2)	二进制转十进制	int('1100',2)=12
int('n',8)	八进制转十进制	int('014',8)=12
int('n',16)	十六进制转十进制	int('0xc',16)=12
eval(n)	任意进制转十进制	eval(‘0b10’)=2, eval(‘'0o10'’)=8, eval('0x10')=16

1）十进制转换为其他进制

使用 IDLE 输入以下代码：

```
>>> bin(120)
'0b1111000'
>>> oct(120)
'0o170'
>>> hex(120)
'0x78'
>>> bin(-120)
'-0b1111000'
>>> oct(-120)
'-0o170'
>>> hex(-120)
'-0x78'
```

注意：0b 表示二进制，0o 表示八进制，0x 表示十六进制。

思考：

转换完的数据是什么数据类型，是 int 还是 str?

答案：____

2）其他进制转换为十进制

使用 IDLE 输入以下代码：

```
>>> int('110',2)
6
>>> int('110',8)
72
>>> int('110',16)
272
>>> int('A',16)
10
>>> int('0x9D',16)
157
>>> int('0b1010',2)
10
>>> int('0o12',8)
10
```

注意：二进制、八进制、十六进制数都用 str 类型表示，且不能超出其范围，即二进制只能出现 0 和 1，八进制是 0 到 7，十六进制是 0 到 9 以及 A 到 F，如果超出表示范围则会报错。

思考：

如果需要完成二进制到八进制的转换，如何实现？

答案：____

【范例 2】编程实现进制转换

题目 1：输入一个十进制整数，将其转换为二进制数。

分析：十进制整数转换为二进制整数采用"除 2 取余，逆序排列"法。

具体做法是：用 2 去除十进制整数，可以得到一个商和余数；再用 2 去除商，又会得到一个商和余数，如此进行，直到商为 0 时为止。

然后把先得到的余数作为二进制数的低位有效位，后得到的余数作为二进制数的高位有效位，依次排列起来。

举例来说：

87 转换为二进制：

87 ÷ 2=43 余 1

43 ÷ 2=21 余 1

21 ÷ 2=10 余 1

10 ÷ 2=5 余 0

5 ÷ 2=2 余 1

2 ÷ 2=1 余 0

1 ÷ 2=0 余 1

从下往上取余数 1010111。所以，[87]10=[1010111]2。

操作步骤如下：

```
s=input(" 输入十进制数：")
s=int(s)
list2=[]#list2 为等待转换的二进制字符列表
while s>0:
        list2.append(str(s%2))# 除 2 求余
        s=int(s/2)# 除 2
list2.reverse()# 倒序排列
print(list2)
```

分别输入 87、5、128、-89、0.25，可以得到图 2-6-1 所示的运行结果。

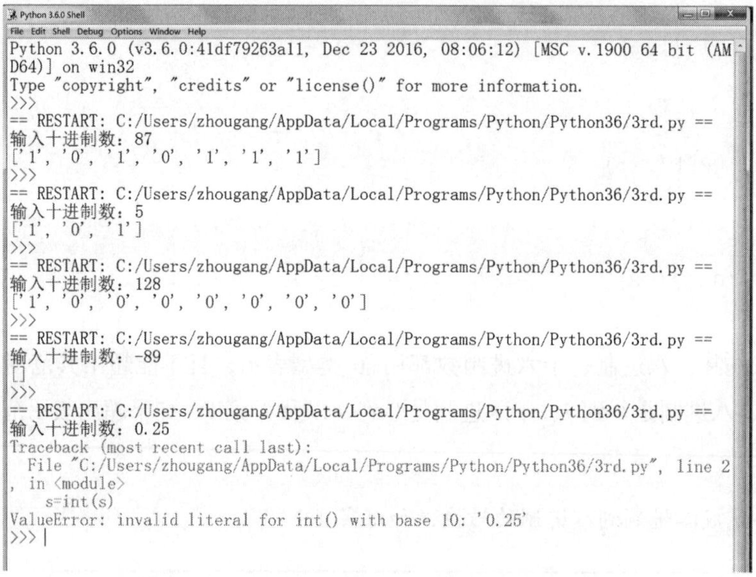

```
Python 3.6.0 Shell
File Edit Shell Debug Options Window Help
Python 3.6.0 (v3.6.0:41df79263a11, Dec 23 2016, 08:06:12) [MSC v.1900 64 bit (AM
D64)] on win32
Type "copyright", "credits" or "license()" for more information.
>>>
== RESTART: C:/Users/zhougang/AppData/Local/Programs/Python/Python36/3rd.py ==
输入十进制数：87
['1', '0', '1', '0', '1', '1', '1']
>>>
== RESTART: C:/Users/zhougang/AppData/Local/Programs/Python/Python36/3rd.py ==
输入十进制数：5
['1', '0', '1']
>>>
== RESTART: C:/Users/zhougang/AppData/Local/Programs/Python/Python36/3rd.py ==
输入十进制数：128
['1', '0', '0', '0', '0', '0', '0', '0']
>>>
== RESTART: C:/Users/zhougang/AppData/Local/Programs/Python/Python36/3rd.py ==
输入十进制数：-89
[]
>>>
== RESTART: C:/Users/zhougang/AppData/Local/Programs/Python/Python36/3rd.py ==
输入十进制数：0.25
Traceback (most recent call last):
  File "C:/Users/zhougang/AppData/Local/Programs/Python/Python36/3rd.py", line 2
, in <module>
    s=int(s)
ValueError: invalid literal for int() with base 10: '0.25'
>>> |
```

图 2-6-1　十进制整数转化为二进制的运行结果

思考：

（1）输入何种类型数据时，转换程序不能得出正确结果？

答案：________________________________

（2）如何调整程序确保输入负整数也能得到正确结果？

答案：________________________________

题目 2：输入一个十进制纯小数，将其转换为二进制数。

分析：十进制小数转换为二进制小数采用“乘 2 取整，正序排列”法。

对十进制小数乘 2 得到的整数部分和小数部分，整数部分即是相应的二进制数码，再用 2 乘小数部分 (之前乘后得到新的小数部分)，又得到整数和小数部分。如此不断重复，直到小数部分为 0 或达到精度要求为止。最后正序输出，即第一次得到的为最高位，最后一次得到的为最低位。

举例来说：

0.25 的二进制

0.25*2=0.5　　　　取整是 0

0.5*2=1.0　　　　取整是 1

即 0.25 的二进制为 0.01 (第一次得到的为最高位 , 最后一次得到的为最低位)

0.8125 的二进制

0.8125*2=1.625	取整是 1
0.625*2=1.25	取整是 1
0.25*2=0.5	取整是 0
0.5*2=1.0	取整是 1

即 0.8125 的二进制是 0.1101（第一次得到的为最高位 , 最后一次得到的为最低位）

操作步骤如下：

```
s=input(" 输入十进制纯小数: ")
s=float(s)#s 为纯小数
list2=[]#list2 为等待转换的二进制字符列表
while s>0:
        list2.append(int(s*2))# 乘 2 取整
        s=s*2-int(s*2)# 乘 2 后保留小数部分
print(list2) # 正序输出
```

分别输入 0.25、0.8125、0.1、-0.2、1.25，可以得到图 2-6-2 所示的运行结果。

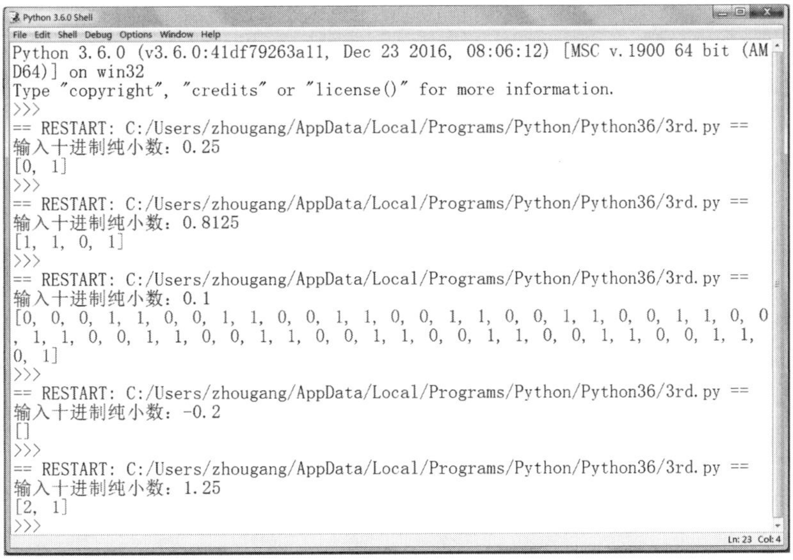

```
Python 3.6.0 Shell
File Edit Shell Debug Options Window Help
Python 3.6.0 (v3.6.0:41df79263a11, Dec 23 2016, 08:06:12) [MSC v.1900 64 bit (AM
D64)] on win32
Type "copyright", "credits" or "license()" for more information.
>>>
== RESTART: C:/Users/zhougang/AppData/Local/Programs/Python/Python36/3rd.py ==
输入十进制纯小数：0.25
[0, 1]
>>>
== RESTART: C:/Users/zhougang/AppData/Local/Programs/Python/Python36/3rd.py ==
输入十进制纯小数：0.8125
[1, 1, 0, 1]
>>>
== RESTART: C:/Users/zhougang/AppData/Local/Programs/Python/Python36/3rd.py ==
输入十进制纯小数：0.1
[0, 0, 0, 1, 1, 0, 0, 1, 1, 0, 0, 1, 1, 0, 0, 1, 1, 0, 0, 1, 1, 0, 0, 1, 1, 0, 0
, 1, 1, 0, 0, 1, 1, 0, 0, 1, 1, 0, 0, 1, 1, 0, 0, 1, 1, 0, 0, 1, 1, 0, 0, 1, 1,
0, 1]
>>>
== RESTART: C:/Users/zhougang/AppData/Local/Programs/Python/Python36/3rd.py ==
输入十进制纯小数：-0.2
[]
>>>
== RESTART: C:/Users/zhougang/AppData/Local/Programs/Python/Python36/3rd.py ==
输入十进制纯小数：1.25
[2, 1]
>>>
Ln: 23 Col: 4
```

图 2-6-2　十进制纯小数转化为二进制

思考：

综合题目 1 和题目 2，如何输入任意 float 类型都可以正确转换？

答案：____

提示：考虑正负数，并把 float 数划分整数和纯小数两个部分。

题目 3：输入一个二进制字符串，将其转换为十进制整数。

分析：二进制字符串转换为十进制数，对二进制数“按权展开、相加求和”得十进制数。

对于二进制字符串的某一位为 0 时，求和时可以不考虑，因此，主要考虑哪一位为“1”以及该位对应的权值，求和即可得到对应的十进制数。

举例来说：

二进制数 110101

最高为 6，权值为 25，那么 1*25=32

那么 110101=1*25+1*24+1*22+1*20=32+16+4+1=53

即 110101 的十进制是 53

操作步骤如下：

```
s=input(" 输入二进制数：")
le=len(s)# 得到二进制字符串的位数
n=0# 待求和的十进制数
for i in s:
            if i=="1":# 二进制字符串数字为 "1" 时进行求和
                        n=n+2**(le-1)# 第 le 位的权值为 2**(le-1)
            le=le-1# 随着 i 向字符串 s 尾部循环，权值递减
print(n)
```

分别输入 110101、1101、-1101、1101.1，可以得到图 2-6-3 所示的运行结果。

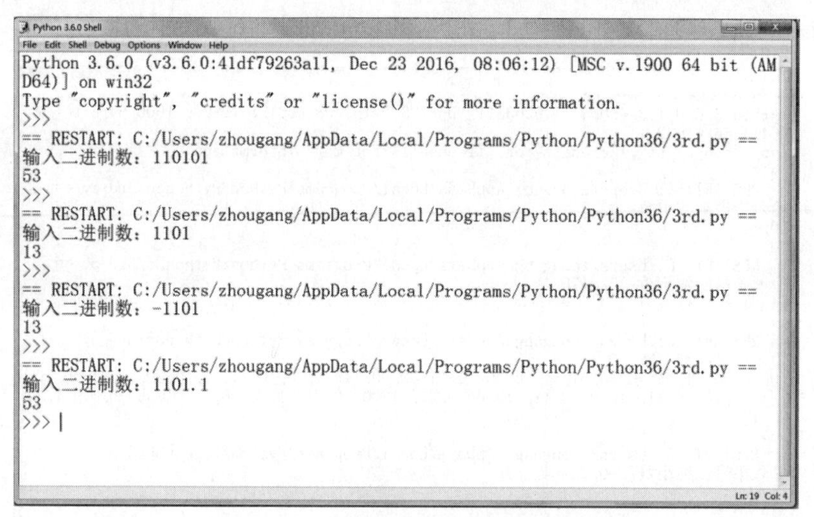

图 2-6-3　十进制纯小数转化为二进制

思考：

（1）输入什么类型数据时，转换程序不能得出正确结果？如何调整？

答案：____

（2）二进制数如何转换为八进制数、十六进制数？

答案：____

提示：以十进制数作为二进制、八进制、十六进制之间的媒介。

【范例 3】模拟逻辑电路

题目：使用 Python 模拟实现一个累加器。

分析：计算机最基本的功能是运算，其中最基本的运算是加法运算。计算机使用二进制保存和处理数据，通过补码的形式通过加法器实现减法运算。

一个半加器的逻辑电路如图 2-6-4 所示。

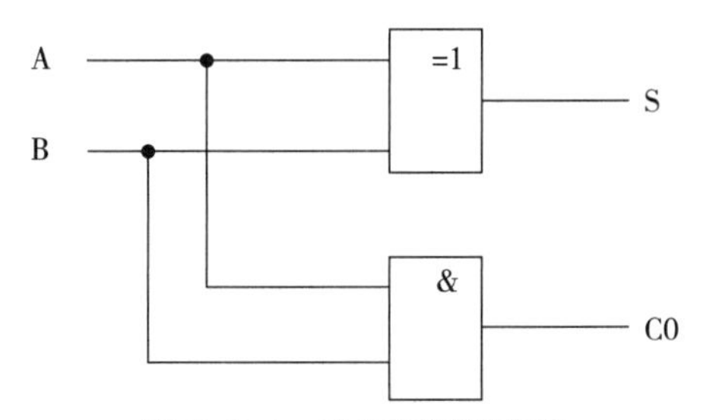

图 2-6-4　半加器逻辑电路

其中两个加数为 A 和 B，S=A ⊕ B，C0 为 A+B 的进位，当且仅当 A、B 均为 1 时，C0 为 1，即 C0=A&B。加法器则是在此基础上加上低位的进位 C，同样计算 S= A ⊕ B ⊕ C，本位的进位 C0=(A&B)|(A&C)|(C&B)。

一个四位的累加器是通过连接 4 个半加器实现的，其中低一位的进位作为高一位的被加数一起计算，一个典型的四位加法器逻辑电路如图 2-6-5 所示。

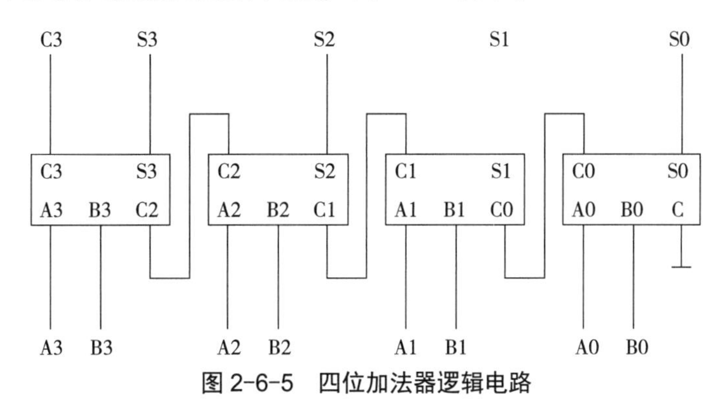

图 2-6-5　四位加法器逻辑电路

那么定义一个函数 add(x,y,z) 模拟全加器，其中 x、y 为加数，z 为低位进位数，那么返回值为一个列表 [ad,jw]，其中 ad 为本位异或加的和，jw 为本位加法的进位。代码如下：

```
def add(x,y,z):
        if (x!="1"and x!="0")or (y!="1"and y!="0"):
                print("ERROR!")# 如果 x,y 不是 0 或 1，则报错
                return [0,0]
        else:
                ad=int(x)^int(y)^int(z)  # 本位加法和为三个数的异或加
                 jw=(int(x)&int(y))|(int(x)&int(z))|(int(z)&int(y))
# 存在两个 1 则进位
                return [ad,jw]
```

多个全加器组成多位加法器时，每一位的加法都需要低一位的进位参与加法运算，因此使用递归方法实现，当为最低位时；C=0，为第 i 位时，使用 add(xi,yi,zi−1) 计算本位的加法。假设 x,y 均为存放二进制字符串的列表，对 x,y 的第 n 位求和，其函数为 f(x,y,n)，其中 x,y 为列表，n 为要求和的位数。在 IDLE 中输入代码：

```
def f(x,y,n):
        if n==0:
```

```
                              r=add(x[0],y[0],0)  # 最低位求和进位为 0，直接调用
add(x[0],y[0],0)
                        print(r[0])  # 打印出最低位求和值
                        return r[1]  # 返回第 0 位进位值
            else:
                        r=add(x[n],y[n],f(x[0:n],y[0:n],n-1))  # 第 n 位的求和
值为本位加数 x[n], y[n] 和低一位进位值 f(x[0:n],y[0:n],n-1) 进行求和
                        print(r[0])  # 打印出第 n 位求和值
                        return r[1]  # 返回第 n 位进位值
```

设置两个加数 a1, a2，假设均为相同长度二进制字符串，输入代码：

```
a1=input("第一个加数：")
a2=input("第二个加数：")
a1=a1[::-1]# 字符串逆序
a2=a2[::-1]
f(a1,a2,len(a1)-1)
```

输出结果为从低位向高位依次输出结果，计算 100+010、001+001、1100+0110，得到图 2-6-6 所示的运行结果。

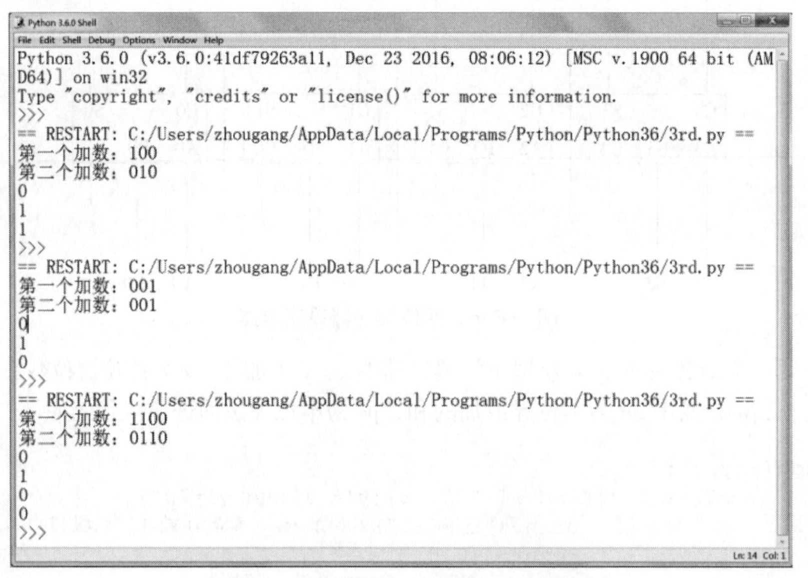

图 2-6-6　模拟加法器的运行结果

思考：

（1）该加法器模拟程序的执行过程是怎样的？

答案：____

（2）该加法器模拟程序存在什么问题？如何改进？

答案：____

3. 实战练习

【练习 1】将下列十进制转为二进制：

57　　128　　3972　　325.125　　–32.152　　33.85

【练习 2】将下列十六进制转为十进制：

C6F02　　3756　　CCF02　　332.AD

【练习 3】将下列二进制转换为十进制：

1110.010　　11101011.110　　0.01101　　1101010

【练习 4】求一个整数的位数和各个位数之和。

如输入 123，输出 3，6；

输入 -250，输出 3，7；

输入 0，输出 1，0。

【练习 5】观察以下代码，编写程序实现 float() 函数的功能，即将输入的字符串转换为十进制数。

```
>>> str=input()
321.2
>>> str
'321.2'
>>> str=float(str)
>>> str
321.2
```

【练习 6】研究一个 2–4 译码器的逻辑电路，设计一个模拟译码器程序。

实验 7　Python 信息编码

1. 实验目的

（1）理解 ASCII 编码。

（2）了解 UTF-8 编码。

（3）利用编码实现简单的加解密。

2. 实验内容

【范例 1】Python 中的 ASCII 码编码

ASCII（American Standard Code for Information Interchange，美国信息交换标准代码）是基于拉丁字母的一套计算机编码系统，主要用于显示现代英语和其他西欧语言。

ASCII 码使用指定的 7 位或 8 位二进制数组合表示 128 或 256 种可能的字符。标准 ASCII 码也称基础 ASCII 码，使用 7 位二进制数（剩下的 1 位为首位二进制为 0）表示所有的大写和小写字母，数字 0 到 9、标点符号，以及在美式英语中使用的特殊控制字符。

标准 ASCII 码见表 2-7-1。

表 2-7-1　ASCII 码表

编码	字符	编码	字符	编码	字符	编码	字符	编码	字符	编码	字符
32	space	48	0	64	@	80	P	96	`	112	p
33	!	49	1	65	A	81	Q	97	a	113	q
34	”	50	2	66	B	82	R	98	b	114	r
35	#	51	3	67	C	83	X	99	c	115	s
36	$	52	4	68	D	84	T	100	d	116	t
37	%	53	5	69	E	85	U	101	e	117	u
38	&	54	6	70	F	86	V	102	f	118	v
39	‘	55	7	71	G	87	W	103	g	119	w
40	(	56	8	72	H	88	X	104	h	120	x
41	)	57	9	73	I	89	Y	105	i	121	y
42	*	58	:	74	J	90	Z	106	j	122	z
43	+	59	;	75	K	91	[	107	k	123	{
44	,	60	<	76	L	92	\	108	l	124	|
45	–	61	=	77	M	93	]	109	m	125	}
46	.	62	>	78	N	94	^	110	n	126	~
47	/	63	?	79	O	95	–	111	o	127	DEL

Python 中使用 ord() 函数获取字符的整数表示，chr() 函数把编码转换为对应的字符。

在 IDLE 中输入：

```
>>> ord('A')
65
>>> bin(ord('A'))
'0b1000001'
>>> chr(73)
'I'
>>> ord('a')
97
>>> ord('中')
20013
>>> bin(ord('中'))
'0b100111000101101'
```

由上述可以发现小写字母比大写字母的 ASCII 码值大 32，可以据此写出类似字符串大小写转换的代码：

```
str1=input()
str2=[]
print(str1.upper())# 自带函数实现大写转换
for i in range(0,len(str1)):
        if ord(str1[i])>=97 and ord(str1[i])<=122: # 判断字符是否为小写
                str2.append(chr(ord(str1[i])-32))
                # 字符转换为大写，并写入 str2
        else:
                str2.append(str1[i])# 字符不是小写时，直接写入
print(str2)
```

分别输入“Python”“Welcome to Python”“Good Bye!!!”，程序运行结果如图 2-7-1 所示。

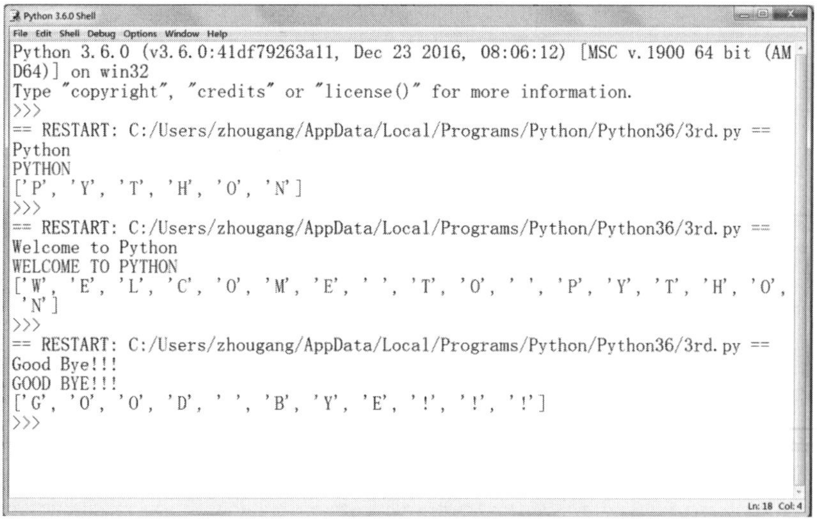

```
Python 3.6.0 Shell
File Edit Shell Debug Options Window Help
Python 3.6.0 (v3.6.0:41df79263a11, Dec 23 2016, 08:06:12) [MSC v.1900 64 bit (AMD64)] on win32
Type "copyright", "credits" or "license()" for more information.
>>>
== RESTART: C:/Users/zhougang/AppData/Local/Programs/Python/Python36/3rd.py ==
Python
PYTHON
['P', 'Y', 'T', 'H', 'O', 'N']
>>>
== RESTART: C:/Users/zhougang/AppData/Local/Programs/Python/Python36/3rd.py ==
Welcome to Python
WELCOME TO PYTHON
['W', 'E', 'L', 'C', 'O', 'M', 'E', ' ', 'T', 'O', ' ', 'P', 'Y', 'T', 'H', 'O', 'N']
>>>
== RESTART: C:/Users/zhougang/AppData/Local/Programs/Python/Python36/3rd.py ==
Good Bye!!!
GOOD BYE!!!
['G', 'O', 'O', 'D', ' ', 'B', 'Y', 'E', '!', '!', '!']
>>>
Ln: 18 Col: 4
```

图 2-7-1　大小写转换程序的运行结果

思考：

（1）如何用代码实现小写转换？

答案：____________________

（2）观察不同字符的 ASCII 码，总结规律。

答案：____________________

【范例 2】Python 中的 UTF-8 码编码

UTF-8 是 Unicode 的一种实现方式，一个汉字的范围是 0X4E00 到 0x9FA5，是指 unicode 值，放在 utf-8 的编码中就是由 3 个字节来组织。在 Python 3 中文本就是 Unicode 编码，由 str 类型（字符串）进行表示，二进制数据使用 bytes（字节码）进行表示使两者的区别更加明显。字符串通过编码（encode）成为字节码，字节码通过解码（decode）成为字符串。

编码（encode）：按照某种规则将“文本”转换为“字节流”，而在 Python 3 中表示从 str 字符串变成 unicode 字节码；解码（decode）：将“字节流”按照某种规则转换成“文本”，在 Python 3 中表示从 unicode 字节码变成 str 字符串。

Python 对 bytes 类型的数据用带前缀的单引号或双引号表示，对 str 类型则直接用单引号或双引号表示。输入代码：

```
>>> s="abc"
>>> type(s)
<class 'str'>
>>> s=b"abc"
>>> type(s)
<class 'bytes'>
```

这里分析中英文在 UTF-8 编码中的区别，通过计算中英文的字节码数来分析，在 IDLE 中输入代码：

```
s1="abc"
s2="解放军"
print(len(s1),len(s2))
b0=s1.encode("ascii")
b1=s1.encode("utf-8")
b2=s2.encode("utf-8")
print(len(b0),len(b1),len(b2))
print(b2)
```

运行结果如图 2-7-2 所示。

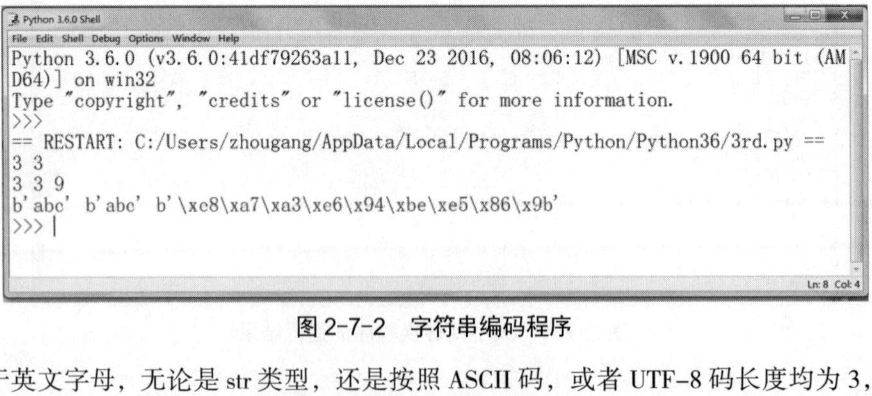

```
Python 3.6.0 Shell
File Edit Shell Debug Options Window Help
Python 3.6.0 (v3.6.0:41df79263a11, Dec 23 2016, 08:06:12) [MSC v.1900 64 bit (AMD64)] on win32
Type "copyright", "credits" or "license()" for more information.
>>>
== RESTART: C:/Users/zhougang/AppData/Local/Programs/Python/Python36/3rd.py ==
3 3
3 3 9
b'abc' b'abc' b'\xe8\xa7\xa3\xe6\x94\xbe\xe5\x86\x9b'
>>> |
Ln: 8 Col: 4
```

图 2-7-2　字符串编码程序

对于英文字母，无论是 str 类型，还是按照 ASCII 码，或者 UTF-8 码长度均为 3，而中文按照 str 类型时为 3，按照 utf-8 编码时，由于一个汉字需要 3 个字节（3B）来表示，所以字节符长度为 3*3=9。

如果已知字符编码，也可用 decode() 函数将字节码转换为字符串，字节码一般使用 utf-8 编码在计算机内存储，一般为十六进制。通过 ASCII 码表已知“A”的 ASCII 码值为 65。在 IDLE 中输入代码：

```
>>> b'\x41'.decode()
'A'
>>> b'\xe4\xb8\xad'.decode()
'中'
```

思考：

utf-8 编码中一个汉字在计算机中为什么需要用 3 个字节存储？

答案：______________________________

【范例 3】简单的英文字符串加密解密

计算机中的每个字符都有一个唯一编码，通用的标准是 ASCII 码。例如大写 A = 65，星号 (*) = 42，小写 k = 107。

一种现代加密方法是用一个密钥中的给定值，与一个文本文件中字符的 ASCII 值进行异或。使用异或（XOR）方法的好处是对密文使用同样的加密密钥可以得到加密前的内容。例如，65 XOR 42 = 107，然后 107 XOR 42 = 65。

对于不可攻破的加密，密钥的长度与明文信息的长度是一样的，而且密钥是由随机的字节组成的。用户将加密信息和加密密钥保存在不同地方，只有在两部分都得到的情况下，信息才能被解密。

一种改良方案是使用一个密码作为密钥。如果密码比信息短，那么就将其不断循环直到明文的长度。平衡点在于密码要足够长来保证安全性，但是又要足够短使用户能够记得。

可以设计一个转换程序，把一个字符串（可以仅限于 ASCII 码范围内，不考虑中文字符，或其他非 utf-8 编码）和任意密钥进行加密和解密操作。

例如：

输入明文：python，密钥：pla，输出密文：125,225,56,12,224,121

输入密文：125,225,56,12,224,121，密钥：pla，输出明文：python

```
import random
choice=input('加密（1）还是解密（2）？ ')
#加密函数
def encode(str1,key):
    random.seed(key) #根据密钥产生随机序列
    str2=''
    for c in str1:
        str2+=str(ord(c)^random.randint(0,255))+','
        #str1 的 ASCII 码与随机数列异或
    str2=str2.strip(',') #去掉 str2 头尾的","号
    return str2
#解密函数
def decode(str2,key):
    random.seed(key) #根据密钥产生随机序列
    str1=''
    for i in str2.split(','):
        i=int(i)
        str1+=chr(i^random.randint(0,255)) #str2 与随机数列求异或
```

```
    return(str1)
# 程序主函数
if choice=='1':
    str1=input('请输入明文：')
    key=input('请输入密钥：')
    str2=encode(str1,key)
    print(str2)
elif choice=='2':
    str2=input('请输入密文，数字间用英文逗号分隔：')
    key=input('请输入密钥：')
    str1=decode(str2,key)
    print(str1)
else:
    print('输入错误！')
```

注意：计算机软件生成的随机数都是伪随机数，一般我们看到的每个序列都是不一致的，原因是加上了一个种子，这个种子多采用实时的时间值。random.seed(key) 中人为地给出一个固定的种子，生成的一组随机数就是确定的。无论是加密还是解密，都用同一组随机数，从而确保了使用的密钥序列在加解密中完全相同。

加解密的 Python 程序的运行结果如图 2-7-3 所示。

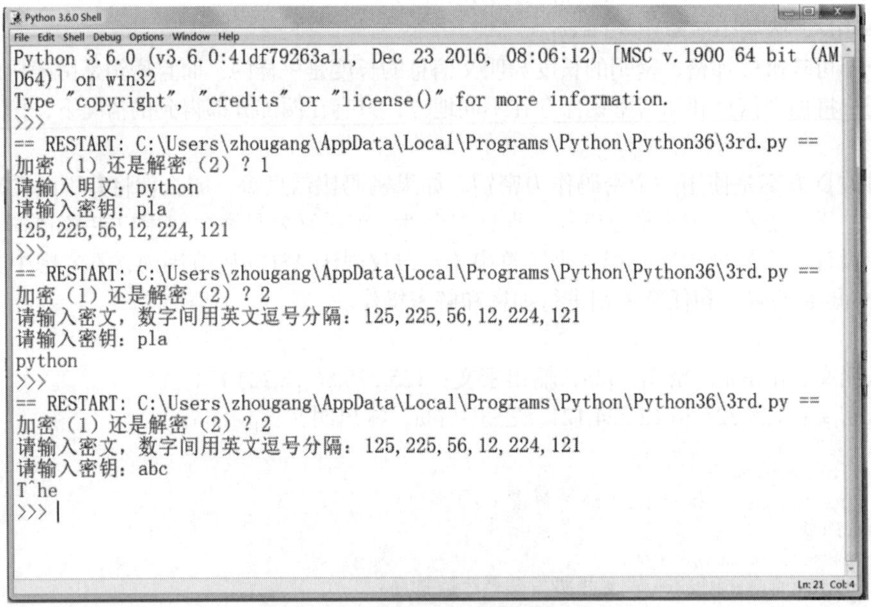

```
Python 3.6.0 Shell
File Edit Shell Debug Options Window Help
Python 3.6.0 (v3.6.0:41df79263a11, Dec 23 2016, 08:06:12) [MSC v.1900 64 bit (AMD64)] on win32
Type "copyright", "credits" or "license()" for more information.
>>>
== RESTART: C:\Users\zhougang\AppData\Local\Programs\Python\Python36\3rd.py ==
加密（1）还是解密（2）？1
请输入明文：python
请输入密钥：pla
125,225,56,12,224,121
>>>
== RESTART: C:\Users\zhougang\AppData\Local\Programs\Python\Python36\3rd.py ==
加密（1）还是解密（2）？2
请输入密文，数字间用英文逗号分隔：125,225,56,12,224,121
请输入密钥：pla
python
>>>
== RESTART: C:\Users\zhougang\AppData\Local\Programs\Python\Python36\3rd.py ==
加密（1）还是解密（2）？2
请输入密文，数字间用英文逗号分隔：125,225,56,12,224,121
请输入密钥：abc
T^he
>>> |
Ln: 21 Col: 4
```

图 2-7-3　字符串加解密程序

思考：

（1）random.randint(0, 255) 起什么作用，为什么是 255？

答案：______________________________

（2）你能否想到其他加解密方法？

答案：______________________________

3. 实战练习

【练习 1】gbk 是 Windows 环境下的一种汉字编码，其中 GB-2312 编码也算是 gbk 编码。

求以下文本使用 gbk 编码的字节码。

中国人　　解放军　　武汉　　强军

【练习 2】已知以下的一段文字分别由 gbk 编码和 ASCII 码表示，将其统一转换为 utf-8 编码存储。

gbk 编码：b'\xc8\xcb'

ASCII 码：b'\x41\x42'

【练习 3】换位加密。换位密码基本原理：先把明文按照固定长度进行分组，然后对每一组的字符进行换位操作，从而实现加密。例如，字符串 "Error should never pass silently"，使用秘钥 1432 进行加密时，首先将字符串分成若干长度为 4 的分组，然后对每个分组的字符进行换位，第 1 个和第 3 个字符位置不变，把第 2 个字符和第 4 个字符交换位置，得到 "Eorrrs shluoden v repssa liseltny"。

【练习 4】编码加密：将一组英文字符串按照 ASCII 编码转换为字节符，对该字节符每一位统一加上一个密钥数字 key（0 ~ 100），形成新的字节符，然后按照 ASCII 编码转换为明文，在解密端按照相反方法还原原始字符串。

例如，输入“python”，形成字节符，对每一个字符的 ASCII 值加上 key=9 为 [121, 130, 125, 113, 120, 119]，其 ASCII 码对应的字符明文为 y {qxm，在解密端按照逆方法根据 key=9 得到原来字符串 "python"。

实验 8　Python 操作系统编程

1. 实验目的

（1）掌握利用 Python 获取计算机硬件信息及状态的方法。

（2）掌握利用 Python 查看进程信息的方法。

（3）掌握利用 Python 进行文件管理的方法。

2. 实验内容

【范例 1】掌握利用 Python 的 WMI 模块获取计算机硬件信息及状态的方法

WMI 是一项核心的 Windows 管理技术，WMI 作为一种规范和基础结构，通过它可以访问、配置、管理和监视几乎所有的 Windows 资源。在联网情况下，在命令提示符下输入 pip install wmi，完成 WMI 模块的安装。

1）获取 CPU 基本信息

使用 Python 中的 WMI 模块获取处理器 ID、名称、速度以及利用率等信息。

在 IDLE 中输入：

```
import wmi
import time
def cpu_use(n):
    #n 是取一次 CPU 的使用率
    c=wmi.WMI()
    while True:
            for cpu in c.Win32_Processor():
               timestamp=time.strftime('%a,%d %b %Y %H:%M:%S',time.
localtime())
               print('%s | Utilization:%s: %d %%' % (timestamp,cpu.
DeviceID, cpu.LoadPercentage))
               time.sleep(n)
# 遍历进程
c=wmi.WMI()
  #CPU 类型和内存
n=eval(input())
for processor in c.Win32_Processor():
      print("Processor ID: %s" % processor.DeviceID )#CPU 的编号
      print("Process Name: %s" % processor.Name.strip())#CPU 的名称
      print("Process number Of Cores:%s" % processor.numberOfCores)
#CPU 的内核数
      print("Process Speed: %s Mbps" % processor.maxClockSpeed)
#CPU 的速度
      cpu_use(n)# 每隔 n 秒采样一次 CPU 的速度
```

运行结果如图 2-8-1 所示。

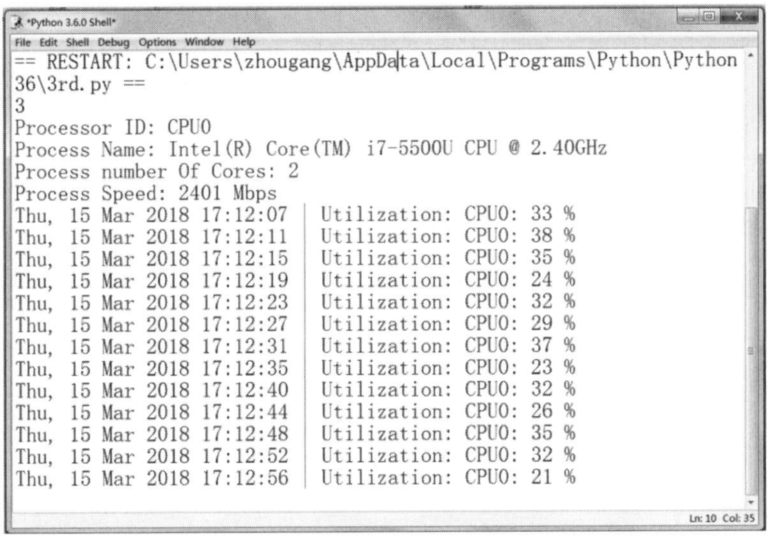

```
*Python 3.6.0 Shell*
File Edit Shell Debug Options Window Help
== RESTART: C:\Users\zhougang\AppData\Local\Programs\Python\Python
36\3rd.py ==
3
Processor ID: CPU0
Process Name: Intel(R) Core(TM) i7-5500U CPU @ 2.40GHz
Process number Of Cores: 2
Process Speed: 2401 Mbps
Thu, 15 Mar 2018 17:12:07 | Utilization: CPU0: 33 %
Thu, 15 Mar 2018 17:12:11 | Utilization: CPU0: 38 %
Thu, 15 Mar 2018 17:12:15 | Utilization: CPU0: 35 %
Thu, 15 Mar 2018 17:12:19 | Utilization: CPU0: 24 %
Thu, 15 Mar 2018 17:12:23 | Utilization: CPU0: 32 %
Thu, 15 Mar 2018 17:12:27 | Utilization: CPU0: 29 %
Thu, 15 Mar 2018 17:12:31 | Utilization: CPU0: 37 %
Thu, 15 Mar 2018 17:12:35 | Utilization: CPU0: 23 %
Thu, 15 Mar 2018 17:12:40 | Utilization: CPU0: 32 %
Thu, 15 Mar 2018 17:12:44 | Utilization: CPU0: 26 %
Thu, 15 Mar 2018 17:12:48 | Utilization: CPU0: 35 %
Thu, 15 Mar 2018 17:12:52 | Utilization: CPU0: 32 %
Thu, 15 Mar 2018 17:12:56 | Utilization: CPU0: 21 %
Ln: 10 Col: 35
```

图 2-8-1　获取 CPU 基本信息

2）获取内存基本信息

使用 Python 中的 WMI 模块获取内存容量、空闲率等信息。

在 IDLE 中输入：

```
import wmi
import time
c=wmi.WMI()
for Memory in c.Win32_PhysicalMemory():
          x=int(Memory.Capacity)/1048576
          print ("Memory Capacity: %.fMB" %(x))#计算内存容量
for Memory in c.Win32_ComputerSystem():
          x=int(Memory.TotalPhysicalMemory)/(2**20)
          print("Memory Capacity in System:%.0fMB"%(x))#计算系统内存容量
for Memory in c.Win32_OperatingSystem():
          x=int(Memory.FreePhysicalMemory)/(2**10)
          print("Memory Idle Capacity:%.0fMB" %(x))#计算操作系统内存空闲容量
for Memory in c.Win32_PageFileUsage():
          x=int(Memory.AllocatedBaseSize)
          y=int(Memory.CurrentUsage)
          print("PageFile in Memory Capacity: %dMB" %(x))#可用内存容量
          print("used PageFile in Memory Capacity: %dMB" %(y))
          #已用内存容量
          print("Free PageFile in Memory Capacity: %dMB" %(x- y))
          #空闲内存容量
```

运行程序，获取当前计算机的内存使用情况，如图 2-8-2 所示。

3）获取存储基本信息

使用 Python 中的 WMI 模块获取计算机存储系统，特别是辅存的基本信息。

使用 Python 查看计算机系统中的 cache、内存和辅存的容量，查看存储分级特点。

在 IDLE 中输入：

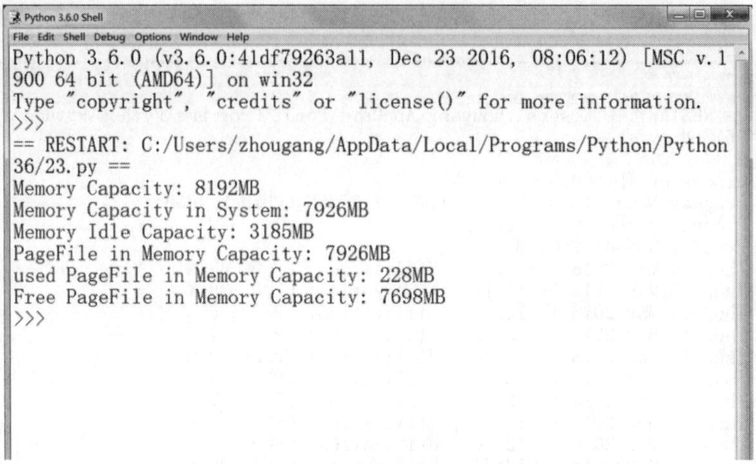

```
Python 3.6.0 (v3.6.0:41df79263a11, Dec 23 2016, 08:06:12) [MSC v.1
900 64 bit (AMD64)] on win32
Type "copyright", "credits" or "license()" for more information.
>>>
== RESTART: C:/Users/zhougang/AppData/Local/Programs/Python/Python
36/23.py ==
Memory Capacity: 8192MB
Memory Capacity in System: 7926MB
Memory Idle Capacity: 3185MB
PageFile in Memory Capacity: 7926MB
used PageFile in Memory Capacity: 228MB
Free PageFile in Memory Capacity: 7698MB
>>>
```

图 2-8-2　获取内存的使用信息

```
import wmi
import time
c=wmi.WMI()
sum=0
for cpu_m in c.Win32_Processor():
        y=int(cpu_m.L2CacheSize)
        z=int(cpu_m.L3CacheSize)
        print("L2 Cache in CPU : %.fKB" %(y))#2 级 Cache 容量
        print("L3 Cache in CPU : %.fKB" %(z))#3 级 Cache 容量
for Memory in c.Win32_ComputerSystem():
        x=int(Memory.TotalPhysicalMemory)/(2**20)
        print("Memory Capacity in System: %.0fMB" %(x))#计算系统内存容量
for disk in c.Win32_LogicalDisk():
        x=int(disk.Size)
        sum=sum+x
print ("Hard disk capacity %.0f GB" % (sum/2**30) )#计算硬盘容量
```

运行程序，获取当前计算机存储系统情况，如图 2-8-3 所示。

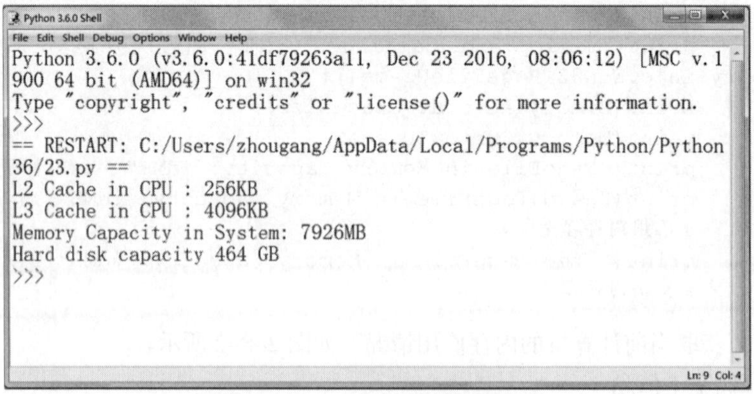

```
Python 3.6.0 (v3.6.0:41df79263a11, Dec 23 2016, 08:06:12) [MSC v.1
900 64 bit (AMD64)] on win32
Type "copyright", "credits" or "license()" for more information.
>>>
== RESTART: C:/Users/zhougang/AppData/Local/Programs/Python/Python
36/23.py ==
L2 Cache in CPU : 256KB
L3 Cache in CPU : 4096KB
Memory Capacity in System: 7926MB
Hard disk capacity 464 GB
>>>
```

图 2-8-3　获取存储系统信息

使用 Python 查看计算机系统磁盘的容量、名称等物理信息，查看使用情况。

在 IDLE 中输入：

```
import os,sys
import time
import wmi
def get_disk_info():
        tmplist=[]
        c = wmi.WMI ()
        for physical_disk in c.Win32_DiskDrive ():
                tmpdict={}
                tmpdict["物理名称"]=physical_disk.Caption#磁盘的物理名称
                tmpdict["容量"]=int(int(physical_disk.Size)/2**30)#磁盘物理容量
                tmplist.append(tmpdict)
        return tmplist
def get_fs_info() :

        tmplist=[]
        c=wmi.WMI()
        for physical_disk in c.Win32_DiskDrive ():
                for partition in physical_disk.associators("Win32_
DiskDriveToDiskPartition"):
                        for logical_disk in partition.associators("Win32_
LogicalDiskToPartition"):
                                tmpdict={}
                                tmpdict["盘符"]=logical_disk.Caption#磁盘盘符名称
                                tmpdict["总容量"]=int(logical_disk.Size)/2**30
                                tmpdict["已用空间"]=(int(logical_disk.Size)-
int(logical_disk.FreeSpace))/2**30#磁盘已用容量
                                tmpdict["空闲空间"]=int(logical_disk.
FreeSpace)/1024/1024/1024
                                tmplist.append(tmpdict)
        return tmplist
if --name--=="--main--":
        disk=get_disk_info()
        print(disk)
        print('----------------------------------------')
        fs=get_fs_info()
          print (fs)
```

运行程序，获取当前计算机磁盘的基本信息，如图 2-8-4 所示。

```
Python 3.6.0 Shell
File Edit Shell Debug Options Window Help
Python 3.6.0 (v3.6.0:41df79263a11, Dec 23 2016, 08:06:1
2) [MSC v.1900 64 bit (AMD64)] on win32
Type "copyright", "credits" or "license()" for more inf
ormation.
>>>
== RESTART: C:/Users/zhougang/AppData/Local/Programs/Py
thon/Python36/23.py ==
[{'物理名称': 'ST500LM0 21-1KJ152 SCSI Disk Device', '
容量': 465}]
----------------------------------------
[{'盘符': 'C:', '总容量': 447.73046493530273, '已用空间
': 213.809814453125, '空闲空间': 233.92065048217773}, {
'盘符': 'Q:', '总容量': 16.564449310302734, '已用空间':
12.153850555419922, '空闲空间': 4.4105987548828125}]
>>> |
Ln: 8 Col: 4
```

图 2-8-4　获取磁盘信息

思考：

1. 计算机存储系统有什么特点和规律？

答案：____________________

2. 如何查询计算机网卡、主板等硬件设备信息？

答案：____________________

【范例 2】 掌握利用 Python 的 PSUTIL 模块获取计算机硬件信息及状态

psutil 是一个跨平台库，能够轻松实现获取系统运行的进程和系统利用率（包括 CPU、内存、磁盘、网络等）信息。它主要应用于系统监控、分析和限制系统资源及进程的管理。在联网情况下，在命令提示符下输入 pip install psutil，完成 PSUTIL 模块的安装。

1）获取 CPU 基本信息

使用 Python 中的 PSUTIL 模块获取处理器的名称、个数等信息。

在 IDLE 中输入：

```
import psutil
print ("--------------cpu---------------")
cpuinfo=psutil.cpu_times();
print('cpu 完整的基本信息：',cpuinfo)
# user() 从系统启动开始累计到当前时刻，用户状态的 CPU 时间，不包含 nice 值为负进程。
# nice() 从系统启动开始累计到当前时刻，nice 值为负的进程所占用的 CPU 时间
# system() 从系统启动开始累计到当前时刻，核心时间
# idle() 从系统启动开始累计到当前时刻，除 IO 等待时间以外其他等待时间
# iowait() 从系统启动开始累计到当前时刻，IO 等待时间
# irq() 从系统启动开始累计到当前时刻，硬中断时间
# softirq() 从系统启动开始累计到当前时刻，软中断时间
print('cpu 单项数据信息，用户 user 的 cpu 时间比 ',cpuinfo.user)
print(' 获取 cpu 的逻辑个数：', psutil.cpu_count())
print(' 获取 cpu 的物理个数：', psutil.cpu_count(logical=False))
```

运行结果如图 2-8-5 所示。

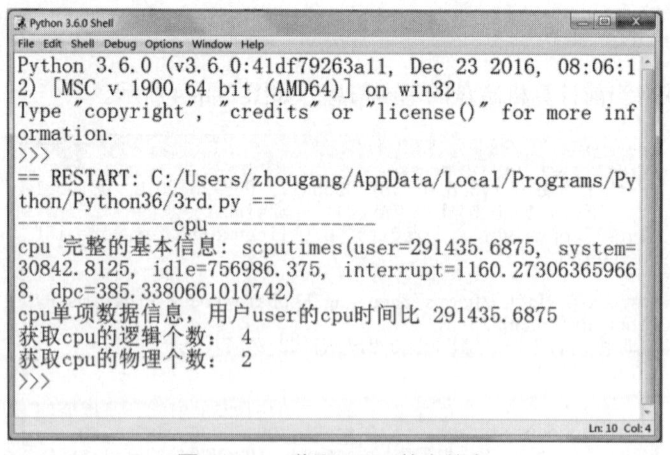

图 2-8-5 获取 CPU 基本信息

2）获取内存基本信息

使用 Python 中的 PSUTIL 模块获取内存容量、空闲量等信息。

在 IDLE 中输入：

```
import psutil
print ('-------------- 内存 ----------------')
mem=psutil.virtual_memory();
print ('获取内存完整信息：', mem)
print ('获取内存总数：', mem.total/(1024*1024*1024),'G')
print ('获取内存空闲总数：', mem.free/(1024*1024*1024),'G')
print ('获取 swap 分区的内存信息：', psutil.swap_memory())
```

运行程序，获取当前计算机内存的使用情况，如图 2-8-6 所示。

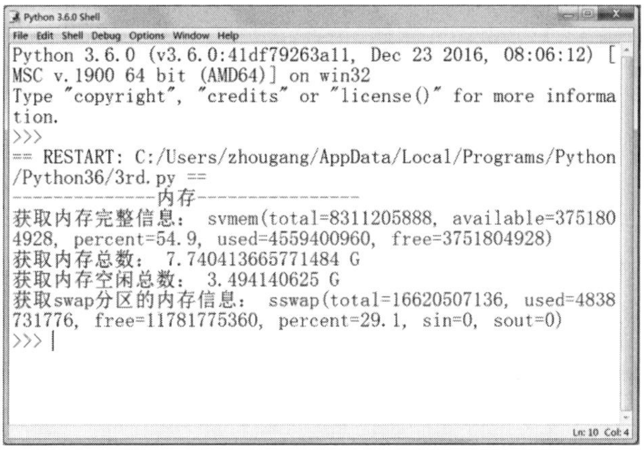
Python 3.6.0 Shell
File Edit Shell Debug Options Window Help
Python 3.6.0 (v3.6.0:41df79263a11, Dec 23 2016, 08:06:12) [MSC v.1900 64 bit (AMD64)] on win32
Type "copyright", "credits" or "license()" for more information.
>>>
== RESTART: C:/Users/zhougang/AppData/Local/Programs/Python/Python36/3rd.py ==
--------------内存----------------
获取内存完整信息： svmem(total=8311205888, available=3751804928, percent=54.9, used=4559400960, free=3751804928)
获取内存总数： 7.740413665771484 G
获取内存空闲总数： 3.494140625 G
获取swap分区的内存信息： sswap(total=16620507136, used=4838731776, free=11781775360, percent=29.1, sin=0, sout=0)
>>>
Ln: 10 Col: 4

图 2-8-6　获取内存的使用信息

3）获取存储基本信息

使用 Python 中的 PSUTIL 模块获取计算机辅存的基本信息。

在 IDLE 中输入：

```
    import psutil
    print('----------- 磁盘信息 ----------------')
    print('获取磁盘完整信息 :', psutil.disk_partitions())
    print('获取分区的使用情况 :', psutil.disk_usage('/'))

    print('获取硬盘总的 IO 个数、读写信息：', psutil.disk_io_counters())
    print('获取单个分区 IO 个数 :', psutil.disk_io_counters(perdisk=True)) import
psutil
```

运行程序，获取当前计算机辅存的系统情况，如图 2-8-7 所示。

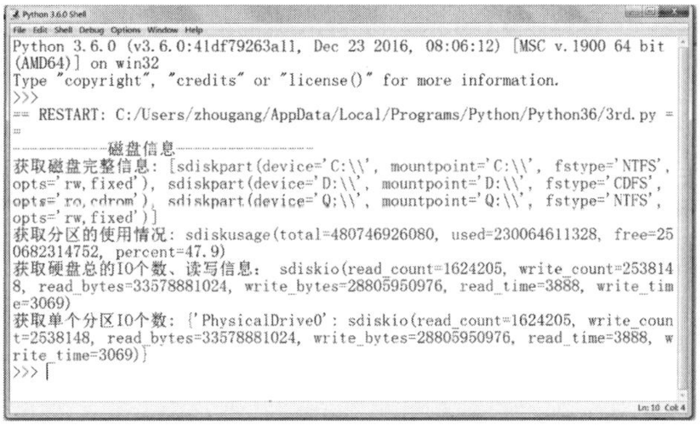
Python 3.6.0 Shell
File Edit Shell Debug Options Window Help
Python 3.6.0 (v3.6.0:41df79263a11, Dec 23 2016, 08:06:12) [MSC v.1900 64 bit (AMD64)] on win32
Type "copyright", "credits" or "license()" for more information.
>>>
== RESTART: C:/Users/zhougang/AppData/Local/Programs/Python/Python36/3rd.py ==
--------------磁盘信息--------------
获取磁盘完整信息： [sdiskpart(device='C:\\', mountpoint='C:\\', fstype='NTFS', opts='rw,fixed'), sdiskpart(device='D:\\', mountpoint='D:\\', fstype='CDFS', opts='ro,cdrom'), sdiskpart(device='Q:\\', mountpoint='Q:\\', fstype='NTFS', opts='rw,fixed')]
获取分区的使用情况： sdiskusage(total=480746926080, used=230064611328, free=250682314752, percent=47.9)
获取硬盘总的IO个数、读写信息： sdiskio(read_count=1624205, write_count=2538148, read_bytes=33578881024, write_bytes=28805950976, read_time=3888, write_time=3069)
获取单个分区IO个数： {'PhysicalDrive0': sdiskio(read_count=1624205, write_count=2538148, read_bytes=33578881024, write_bytes=28805950976, read_time=3888, write_time=3069)}
>>>
Ln: 10 Col: 4

图 2-8-7　获取存储系统信息

【范例 3】利用 Python 查看进程信息

进程是程序的运行过程，是系统进行资源分配和调度的一个独立单位。为了描述控制进程的运行，系统中存放进程的管理和控制信息的数据结构称为进程控制块（Process Control Block，PCB），它是进程实体的一部分，是操作系统中最重要的记录性数据结构。它是进程管理和控制的最重要的数据结构，每一个进程均有一个 PCB，在创建进程时，建立 PCB，伴随进程运行的全过程，直到进程撤销而撤销。

进程控制块是用来描述进程的当前状态，本身特性的数据结构，是进程中组成的最关键部分，其中含有描述进程信息和控制信息，是进程的集中特性反映，是操作系统对进程进行识别和控制的依据。

PCB 一般包括：

（1）程序 ID（PID、进程句柄）：它是唯一的，一个进程都必须对应一个 PID。PID 一般是整型数字。

（2）特征信息：一般分系统进程、用户进程、内核进程等。

（3）进程状态：运行、就绪、阻塞，表示进程现在的运行情况。

（4）优先级：表示获得 CPU 控制权的优先级大小。

（5）通信信息：进程之间通信关系的反映。

（6）现场保护区：保护阻塞的进程。

（7）资源信息：资源需求、分配控制信息。

（8）进程实体信息：指明程序路径和名称，进程数据在物理内存还是在交换分区（分页）中。

（9）其他信息：工作单位、工作区、文件信息等。

打开一个“记事本”程序，利用 Python 获取该进程的 id、名称、状态等基本信息。

在 IDLE 中输入：

```
import psutil
import datetime
plist=psutil.pids()#plist 为所有进程 PID 列表
for p in plist:
        ps=psutil.Process(p)# 根据进程 PID 查询详细信息
        if ps.name()=="notepad.exe":
            print("------------ 进程 ------------")
            print("进程 ID: ",p)
            print("进程名称: ",ps.name())
            print("进程执行 exe 绝对路径: ",ps.exe())
            print("进程工作目录: ",ps.cwd())

            print("进程状态: ",ps.status())
            print("进程优先级: ",ps.nice())
            print("进程内存利用率: ",str(ps.memory_percent()))
            print("进程内存 rss、vms 信息: ",str(ps.memory_info()))
            print("进程开启的线程数: ",str(ps.num_threads()))
                dt=datetime.datetime.fromtimestamp(ps.create_time()).
strftime("%H:%M:%S")
            print("进程开启时间: ",dt)
            break
```

运行程序，获取当前 notepad 进程的基本情况，如图 2-8-8 所示。

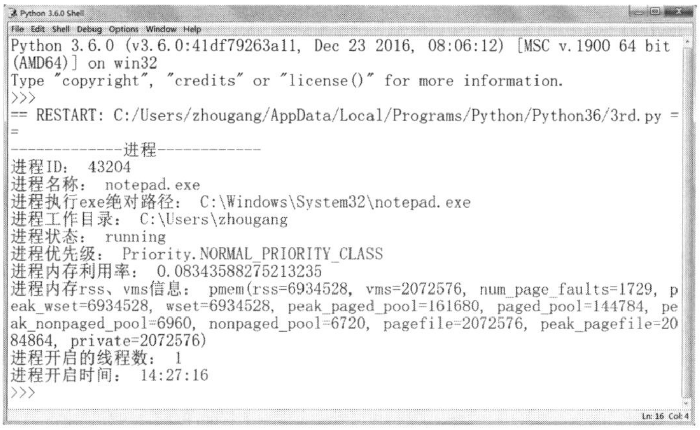
Python 3.6.0 Shell
File Edit Shell Debug Options Window Help
Python 3.6.0 (v3.6.0:41df79263a11, Dec 23 2016, 08:06:12) [MSC v.1900 64 bit (AMD64)] on win32
Type "copyright", "credits" or "license()" for more information.
>>>
== RESTART: C:/Users/zhougang/AppData/Local/Programs/Python/Python36/3rd.py ==
-------------进程------------
进程ID: 43204
进程名称: notepad.exe
进程执行exe绝对路径: C:\Windows\System32\notepad.exe
进程工作目录: C:\Users\zhougang
进程状态: running
进程优先级: Priority.NORMAL_PRIORITY_CLASS
进程内存利用率: 0.08343588275213235
进程内存rss、vms信息: pmem(rss=6934528, vms=2072576, num_page_faults=1729, peak_wset=6934528, wset=6934528, peak_paged_pool=161680, paged_pool=144784, peak_nonpaged_pool=6960, nonpaged_pool=6720, pagefile=2072576, peak_pagefile=2084864, private=2072576)
进程开启的线程数: 1
进程开启时间: 14:27:16
>>>
Ln: 16 Col: 4

图 2-8-8 进程 notepad 的基本信息

思考:

（1）如何查询 Python 编译程序的进程信息？

答案：____

（2）一个程序可以开启几个进程？一个进程可以开启几个线程？

答案：____

【范例 4】利用 Python 进行文件和目录操作

在 Windows 系统中，对文件和目录的操作，通过文件名（绝对地址或相对地址）以及文件或目录的资源句柄来操作。其中句柄实际上是一个数据，是一个 Long（长整型）的数据，是 Windows 用来标识被应用程序所建立或使用的对象的唯一整数，Windows 使用各种各样的句柄标识诸如应用程序实例、窗口、控制、位图、GDI 对象等。

1）文件操作

在 C 盘或其他工作盘的根目录下新建名为“python”的 txt 文档，并在其中输入古诗《登鹳雀楼》。

在 IDLE 中输入：

```
import os
filename="E:\python.txt"# 待操作文件绝对路径

#r: 以读方式打开
#w: 以写方式打开
#a: 以追加模式打开 ( 从 EOF 开始 , 必要时创建新文件 )
#r+: 以读写模式打开, w+: 以读写模式打开 ( 参见 w )
#a+: 以读写模式打开, rb: 以二进制读模式打开
#wb: 以二进制写模式打开 ( 参见 w)
#ab: 以二进制追加模式打开 ( 参见 a)
#rb+: 以二进制读写模式打开 ( 参见 r+)
#wb+: 以二进制读写模式打开 ( 参见 w+)
#ab+: 以二进制读写模式打开 ( 参见 a+)

f=open(filename,'w')# 按写方式打开文件, 文件不存在则新建, f 为操作句柄
str=" 白日依山尽, 黄河入海流。\n 欲穷千里目, 更上一层楼。\n"
f.seek(0,2)# 从文件末尾处写 ,(0,0) 为文件开头处, (0,1) 为当前位置
line=f.write(str)# 写入文件
```

```
f.close()# 关闭句柄
f=open(filename,'r')# 按读方式打开文件
print(f.read())# 读取文件输出
```

运行程序，得到文件操作的读取信息，如图 2-8-9 所示。

在 E 盘打开文件“python.txt”，具体内容如图 2-8-10 所示。

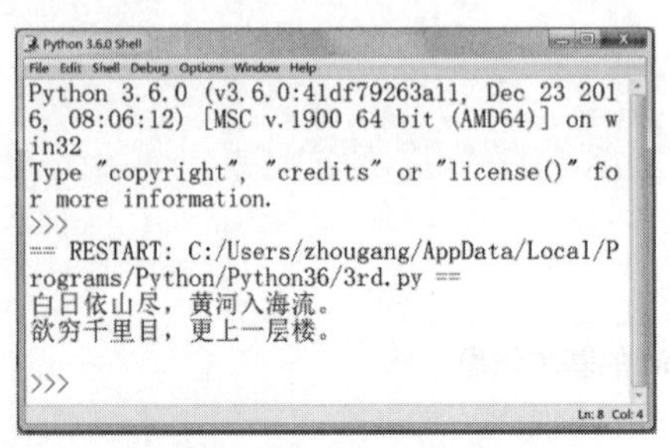

图 2-8-9　文件内容信息

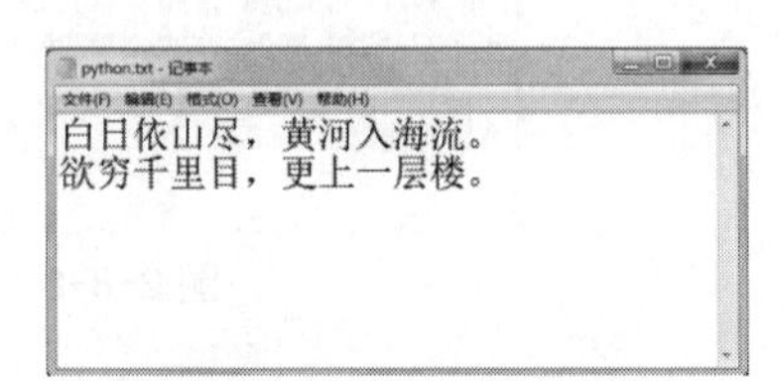

图 2-8-10　文本文件内容

思考：

（1）将上述程序的 f = open(filename,'w') 语句的操作模式更改为 'r' 和 'a'，结果如何？

答案：____

（2）修改上述程序，将文件路径和文件写入内容都由输入 input() 确定。

答案：____

2）目录文件操作

遍历在 E 盘或其他工作盘的根目录下的所有文件或所有的文件夹及其子文件夹的所有文件。

在 IDLE 中输入：

```
import os
def fileInFolder(filepath):
    pathDir=os.listdir(filepath)   # 获取 filepath 文件夹下的所有的文件
    files=[]
    for allDir in pathDir:
        child=os.path.join('%s\\%s' % (filepath, allDir))
        files.append(child)
    return files
def getfilelist(filepath):
    filelist= os.listdir(filepath)   # 获取 filepath 文件夹下的所有的文件
    files=[]
    for i in range(len(filelist)):

        child=os.path.join('%s\\%s' % (filepath, filelist[i]))
        if os.path.isdir(child):
            files.extend(getfilelist(child))
        else:
            files.append(child)
    return files
filepath="E:/test1/"
print("------- 遍历文件夹下所有文件 -------")
print(fileInFolder(filepath))
print("------- 遍历文件夹及其子文件夹的所有文件 -------")
print (getfilelist(filepath))
```

运行程序，得到指定路径目录（如 E:\\test1）下的遍历文件信息，如图 2-8-11 所示。

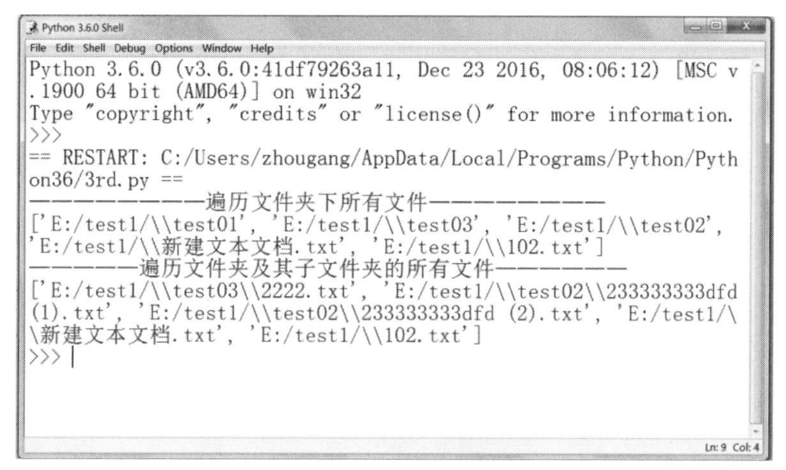

图 2-8-11　遍历文件信息

思考：

上述两种遍历有何区别？

答案：____

3. 实战练习

【练习 1】查询本机的以下信息：

项　　目	内　　容
CPU 名称	
CPU 内核数	
内存容量	
可用内存比例	
磁盘总容量	
磁盘可用容量	

【练习 2】查询本机的计算机存储容量，画出存储体系图。

【练习 3】查询 Python 进程的相关信息。

【练习 4】在本地工作盘下新建一个文件夹“student”，在该文件下建立一个以自己学号命名的 txt 文档，并输入个人基本信息。

实验 9　Python 网络应用编程

1. 实验目的

（1）了解 TCP/IP 协议的基本结构和原理。

（2）掌握 Socket 模块实现 TCP 的编程方法。

（3）了解 Socket 模块实现 UDP 的编程方法。

（4）掌握应用 ftplib 模块实现 FTP 访问的方法。

2. 实验内容

【范例 1】TCP/IP 协议基础知识

TCP/IP（Transmission Control Protocol/Internet Protocol，传输控制协议 / 网际协议）是 Internet 最基本的协议，由网络层的 IP 协议和传输层的 TCP 协议组成。TCP/IP 定义了电子设备如何连入因特网，以及数据如何在它们之间传输的标准。协议采用了 4 层的层级结构，包括应用层、传输层、网际层和物理层，其中各层均包含了一些常用的网络协议，如图 2-9-1 所示。

应用层	HTTP、FTP、SMTP、DNS、DHCP、SNMP、RPC
传输层	TCP、UDP
网际层	IP ICMP、IGMP、ARP、RARP
网络接口层	CSMA/CD、令牌环、ATM

图 2-9-1　TCP/IP 四层参考模型

1）应用层

TCP/IP 应用层对应了 OSI 参考模型的上三层（会话层、表示层和应用层），它包括一些服务。这些服务是与终端用户相关的认证、数据处理及压缩，应用层还要告诉传输层哪个数据流是由哪个应用程序发出的。应用层主要包括以下协议：

文件传输类：HTTP、FTP、TFTP。

远程登录类：Telnet。

电子邮件类：SMTP。

网络管理类：SNMP。

域名解析类：DNS。

2）传输层

TCP（Transmission Control Protocol）和 UDP（User Datagram Protocol）协议属于传输层协议。其中 TCP 提供 IP 环境下的数据可靠传输。通过面向连接、端到端和可靠的数据包发送。通俗地说，它是事先为所发送的数据开辟出连接好的通道，然后再进行数据发送；而 UDP 则不为 IP 提供可靠性、流控或差错恢复功能。一般来说，TCP 对应的是可靠性要求高的应用，而 UDP 对应的则是可靠性要求低、传输经济的应用。TCP 支持的应用协议主要有 Telnet、FTP、SMTP 等；

UDP 支持的应用层协议主要有 NFS（网络文件系统）、SNMP（简单网络管理协议）、DNS（主域名称系统）、TFTP（通用文件传输协议）等。

3）网际层

网际层提供阻塞控制、路由选择（静态路由、动态路由）等服务。主要包括的协议有 IP 协议、ARP 协议、RARP 协议、IGMP 协议、ICMP 协议等。各协议的主要功能包括：

IP 协议：无连接数据报传输、数据报路由选择和差错控制。

ARP 地址解析协议：通过目标设备的 IP 地址，查询目标设备的 MAC 地址，以保证通信的顺利进行。以太网中的数据帧从一个主机到达网内的另一台主机是根据 48 位的以太网地址（硬件地址）来确定接口的，而不是根据 32 位的 IP 地址。内核必须知道目的端的硬件地址才能发送数据。P2P 的连接是不需要 ARP 的。

RARP 反向地址转换协议：允许局域网的物理机器从网关服务器的 ARP 表或者缓存上请求其 IP 地址。局域网网关路由器中存有一个表以映射 MAC 和与其对应的 IP 地址。当设置一台新的机器时，其 RARP 客户机程序需要向路由器上的 RARP 服务器请求相应的 IP 地址。假设在路由表中已经设置了一个记录，RARP 服务器将会返回 IP 地址给机器。

IGMP 组播协议：包括组成员管理协议和组播路由协议。组成员管理协议用于管理组播组成员的加入和离开，组播路由协议负责在路由器之间交互信息建立组播树。IGMP 属于前者，是组播路由器用来维护组播组成员信息的协议，运行于主机和组播路由器之间。

ICMP 协议：是 Internet 控制报文协议。用于在 IP 主机、路由器之间传递控制消息。控制消息是指网络通不通、主机是否可达、路由是否可用等网络本身的消息。

4）网络接口层

网络接口层可以分为数据链路层和物理层，其中物理层规定了为传输数据所需要的物理链路创建、维持、拆除，而提供具有机械的、电子的、功能的和规范的特性，确保原始的数据可在各种物理媒体上传输，为设备之间的数据通信提供传输媒体及互连设备，为数据传输提供可靠的环境。具体来说是用于网络物理传输的介质，如光纤、同轴电缆、五类双绞线等。数据链路层是为了提供功能上和规程上的方法，以便建立、维护和释放网络实体间的数据链路。例如，不同的局域网 802 系列协议，如以太网、令牌环、ATM 协议等。

思考：

TCP/IP 四层协议同 ISO/OSI 参考模型七层协议的相关区别和联系。

答案：____

【范例 2】了解 Socket 模块

Python 提供了低级别的网络服务支持基本的 Socket，它提供了标准的 BSD Sockets API，可以访问底层操作系统 Socket 接口的全部方法。另一个是 SocketServer，它提供了服务器中心类，可以简化网络服务器的开发。

1）Socket 模块的对象和方法

Socket 又称“套接字”，应用程序通常通过 Socket 向网络发出请求或者应答网络请求，使主机间或者一台计算机上的进程间可以通信。Socket 起源于 UNIX，而 UNIX/Linux 的基本哲学之一就是“一切皆文件”，对于文件用打开、读写、关闭模式来操作。Socket 就是该模式的一个实现，Socket 即是一种特殊的文件，一些 Socket 函数就是对其进行的操作（读/写、打开、关闭），Socket 模块是针对服务器端和客户端 Socket 进行打开、读写和关闭。

Python 中 Socket 模块的基本类方法见表 2-9-1。

表 2-9-1　Socket 模块的部分类方法介绍

类 方 法	说　　明
socket.socket(family, type[,proto])	创建并返回一个新的 Socket 对象
socket.getfqdn(name)	将使用点号分隔的 IP 地址字符串转换成一个完整的域名
socket.gethostbyname(hostname)	将主机名解析为一个使用点号分隔的 IP 地址字符串
socket.gethostbyname_ex(name)	它返回一个包含 3 个元素的元组，从左到右分别是给定地址的主要的主机名、同一 IP 地址的可选的主机名的一个列表、关于同一主机的同一接口的其他 IP 地址的一个列表（列表可能都是空的）
socket.gethostbyaddr(address)	作用与 gethostbyname_ex 相同，只是提供给它的参数是一个 IP 地址字符串
Socket.getservbyname(service,protocol)	它要求一个服务名（如 'telnet' 或 'ftp'）和一个协议（如 'tcp' 或 'udp'），返回服务所使用的端口号
socket.fromfd(fd, family, type)	从现有的文件描述符创建一个 Socket 对象

在 Python 中，通过 socket.socket(family, type[,proto]) 建立 Socket 对象后，Socket 对象的部分方法见表 2-9-2。

表 2-9-2　socket 对象的部分方法介绍

类 方 法	说　　明
sock.bind((adrs, port))	将 Socket 绑定到一个地址和端口上
sock.accept()	返回一个客户机 Socket（带有客户机端的地址信息）
sock.listen(backlog)	将 Socket 设置成监听模式，能够监听 backlog 外来的连接请求
sock.connect((adrs, port))	将 Socket 连接到定义的主机和端口上
sock.recv(buflen[, flags])	从 Socket 中接收数据，最多 buflen 个字符
sock.recvfrom(buflen[, flags])	从 Socket 中接收数据，最多 buflen 个字符，同时返回数据来源的远程主机和端口号
sock.send(data[, flags])	通过 Socket 发送数据

2）基于 Socket 模块的 TCP 和 UDP 编程

基于 Socket 进行 TCP 和 UDP 框架的 C/S 架构编程使用的步骤和方式稍有不同，主要区别在于 TCP 是面向连接的，创建套接字 socket.socket(family, type[,proto]) 使用类型（type）不同。

TCP 编程使用 SOCK_STREAM，是面向连接的，即每次收发数据之前必须通过 connect 建立连接，也是双向的，即任何一方都可以收发数据，协议本身提供了一些保障机制保证它是可靠的、有序的，即每个包按照发送的顺序到达接收方。

UDP 编程使用 SOCK_DGRAM，它是无连接的、不可靠的，因为通信双方发送数据后不知道对方是否已经收到数据，是否正常收到数据。任何一方建立一个 Socket 以后就可以用 sendto 发送数据，也可以用 recvfrom 接收数据。根本不关心对方是否存在，是否发送了数据。它的特点是通信速度比较快。其中 TCP 要经过三次握手过程，而 UDP 没有。

基于上述不同，UDP 和 TCP 编程步骤也有些不同。

TCP 编程的服务器端一般步骤是：

（1）创建一个 Socket，用函数 socket()。

（2）设置 Socket 属性，用函数 setsockopt()。

（3）绑定 IP 地址、端口等信息到 socket 上，用函数 bind()。
（4）开启监听，用函数 listen()。
（5）接收客户端上的连接，用函数 accept()。
（6）收发数据，用函数 send() 和 recv()，或者 read() 和 write()。
（7）关闭网络连接。
（8）关闭监听。

TCP 编程的客户端一般步骤是：
（1）创建一个 socket，用函数 socket()。
（2）设置 socket 属性，用函数 setsockopt()。
（3）绑定 IP 地址、端口等信息到 socket 上，用函数 bind()。
（4）设置要连接的对方的 IP 地址和端口等属性。
（5）连接服务器，用函数 connect()。
（6）收发数据，用函数 send() 和 recv()，或者 read() 和 write()。
（7）关闭网络连接。

基于 Socket 的 TCP 的 C/S 编程如图 2-9-2 所示。

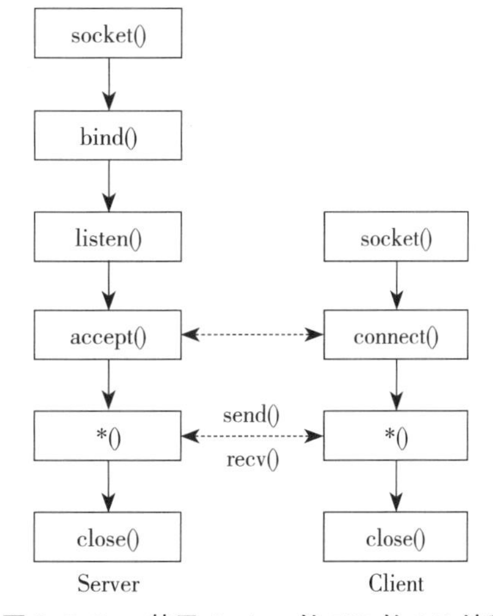

图 2-9-2　基于 Socket 的 TCP 的 C/S 编程

与之对应的 UDP 编程步骤要简单许多，分别如下：

UDP 编程的服务器端一般步骤是：
（1）创建一个 Socket，用函数 socket()。
（2）设置 Socket 属性，用函数 setsockopt()。
（3）绑定 IP 地址、端口等信息到 socket 上，用函数 bind()。
（4）循环接收数据，用函数 recvfrom()。
（5）关闭网络连接。

UDP 编程的客户端一般步骤是：
（1）创建一个 Socket，用函数 socket()。
（2）设置 Socket 属性，用函数 setsockopt()。
（3）绑定 IP 地址、端口等信息到 socket 上，用函数 bind()。
（4）设置对方的 IP 地址和端口等属性。
（5）发送数据，用函数 sendto()。
（6）关闭网络连接。

基于 Socket 的 UDP 的 C/S 编程如图 2-9-3 所示。

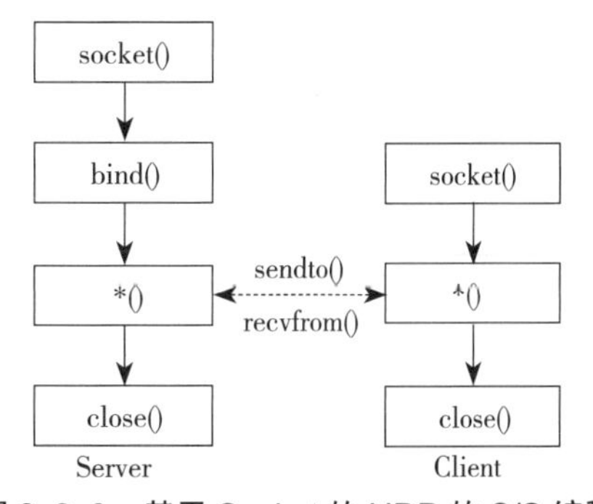

图 2-9-3　基于 Socket 的 UDP 的 C/S 编程

【范例 3】利用 Socket 实现基于 Client/Server 的 TCP 通信编程

利用 Socket 按照 TCP 传输协议完成 Client/Server 的通信，首先完成服务器端 Socket 及相关程序，然后建立客户机端 Socket 及相关程序，最后对 Client/Server 的通信进行测试。

假设客户端和服务器均在本机上，进行模拟通信。

1）查询本机 IP 地址

参考代码：

```
import socket
name=socket.gethostname()                  #查询本机名
myip=socket.gethostbyname(name)            #本机 IP 地址为 myip
print(myip)
```

运行结果如图 2-9-4 所示。

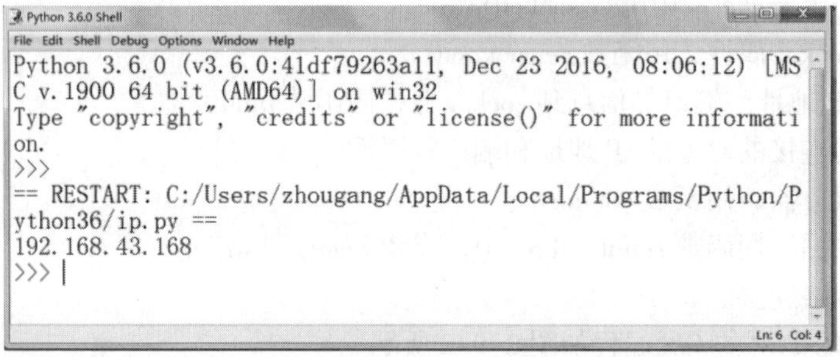

```
Python 3.6.0 Shell
File Edit Shell Debug Options Window Help
Python 3.6.0 (v3.6.0:41df79263a11, Dec 23 2016, 08:06:12) [MS
C v.1900 64 bit (AMD64)] on win32
Type "copyright", "credits" or "license()" for more informati
on.
>>>
== RESTART: C:/Users/zhougang/AppData/Local/Programs/Python/P
ython36/ip.py ==
192.168.43.168
>>> |
Ln: 6 Col: 4
```

图 2-9-4　查询本机 IP 地址

注意：如果使用本机进行网络编程调试，也可使用 IP 地址 127.0.0.1。

2）服务器端程序 TCP_S.py

参考代码：

```
import socket
import time
import threading
s=socket.socket(socket.AF_INET,socket.SOCK_STREAM)
#创建 socket(AF_INET:IPv4,AF_INET6:IPv6) (SOCK_STREAM:面向流的 TCP 协议)
s.bind(('127.0.0.1',10021))
#绑定本机 IP 和任意端口 (>1024)，为应用程序端口，且与客户端相同
s.listen(1)
#监听，等待连接的最大数目为 1
print('Server is running...')
def TCP(sock, addr):
    #TCP 服务器端处理逻辑
    print('Accept new connection from %s:%s.' %addr)
    #接受新的连接请求
    while True:
        data=sock.recv(8000)                 #接受客户端数据，8000 为数据量
        time.sleep(1)                        #延迟
        if not data or data.decode() == 'quit':
        #如果数据为空或者 'quit'，则退出
            break
        sock.send(data.decode('utf-8').upper().encode())
        #发送给客户端变成大写数据
        print(data.decode('utf-8'))
    sock.close()                             #关闭连接
    print('Connection from %s:%s closed.' %addr)
while True:
    sock,addr=s.accept()                     #接收一个新连接
    TCP(sock,addr)                           #处理连接
```

3）客户端程序 TCP_C.py

参考代码：

```
import socket
s=socket.socket(socket.AF_INET, socket.SOCK_STREAM)
# 创建一个 socket
s.connect(('127.0.0.1',10021)) # 服务器 ip 地址和应用端口
# 建立连接
while True:
    # 接受多次数据
    data=input('请输入要发送的数据：')         # 接收数据
    if data=='quit':                          # 如果为 'quit'，则退出
        break
    s.send(data.encode())                     # 发送编码后的数据
    print(s.recv(8000).decode('utf-8'))       # 打印接收到的大写数据
s.send(b'quit')                               # 放弃连接
s.close()                                     # 关闭 socket
```

4）测试

同一台主机上测试时，先运行服务器程序，再运行客户端程序。

在 cmd 中运行 tcp_s.py，先更改到该程序目录，然后输入 python tcp_s.py 即可运行，同时新开一个提示命令符界面运行 tcp_c.py 程序。

TCP 服务器运行界面如图 2-9-5 所示。

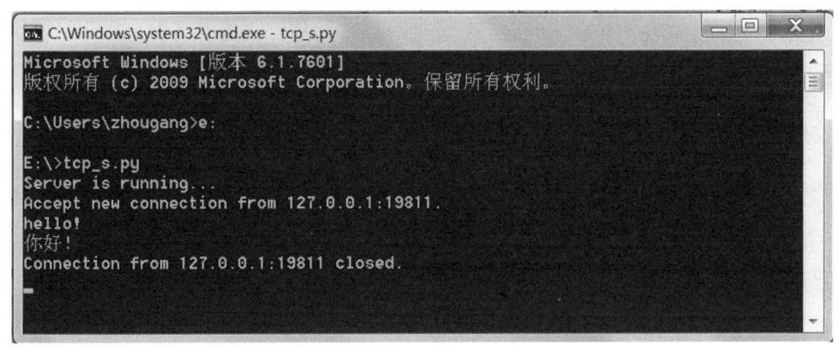

图 2-9-5　TCP 服务器端运行界面

TCP 客户端运行界面如图 2-9-6 所示。

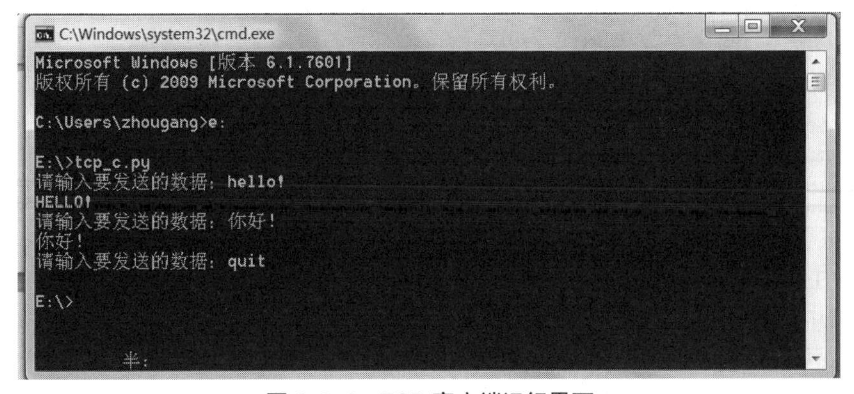

图 2-9-6　TCP 客户端运行界面

注意：局域网中测试时，调整本机和服务器 IP 地址即可，确保端口号相同且大于 1 024。

思考：

（1）Socket 的端口号如何选择，为什么最好大于 1 024？

答案：________________

（2）如何建立局域网的聊天室，实现多人网络聊天？

答案：________________

【范例 4】利用 Socket 实现基于 Client/Server 的 UDP 通信编程

利用 Socket 按照 UDP 传输协议完成 Client/Server 的通信，首先完成服务器端 Socket 及相关程序，然后建立客户端 Socket 及相关程序，最后对 Client/Server 的通信进行测试。

假设客户端和服务器均假设在本机上，进行模拟通信。

1）服务器端程序 UDP_S.py

参考代码：

```
import socket
s=socket.socket(socket.AF_INET, socket.SOCK_DGRAM)
# 创建一个 socket,SOCK_DGRAM 表示 UDP
s.bind(('127.0.0.1', 10021))
# 绑定 IP 地址及端口
print('Bound UDP on 10021...')
while True:
    data,addr=s.recvfrom(8000)
    # 获得数据和客户端的地址与端口，一次最大接收 8000 字节
    print('Received from %s:%s.' % addr)
    s.sendto(data.decode('utf-8').upper().encode(),addr)
    # 将数据变成大写送回客户端
    print(data.decode('utf-8'))
    # 输出客户端所发信息
```

2）客户端程序 UDP_C.py

参考代码：

```
import socket
s=socket.socket(socket.AF_INET,socket.SOCK_DGRAM)
addr=('127.0.0.1', 10021)                # 服务器端地址
while True:
    data=input(' 请输入要处理的数据 :')   # 获得数据
    if not data or data =='quit':
        break
    s.sendto(data.encode(),addr)         # 发送到服务端
    recvdata,addr=s.recvfrom(8000)       # 接收服务器端发来的数据
    print(recvdata.decode('utf-8'))      # 解码输出
s.close()              # 关闭 socket
```

3）测试

同一台主机上测试时，先运行服务器程序，再运行客户端程序。

在 cmd 中运行 udp_s.py，先更改到该程序目录，然后输入 python udp_s.py 即可运行，同时新开一个提示命令符界面运行 udp_c.py 程序。

UDP 服务器端运行界面如图 2-9-7 所示。

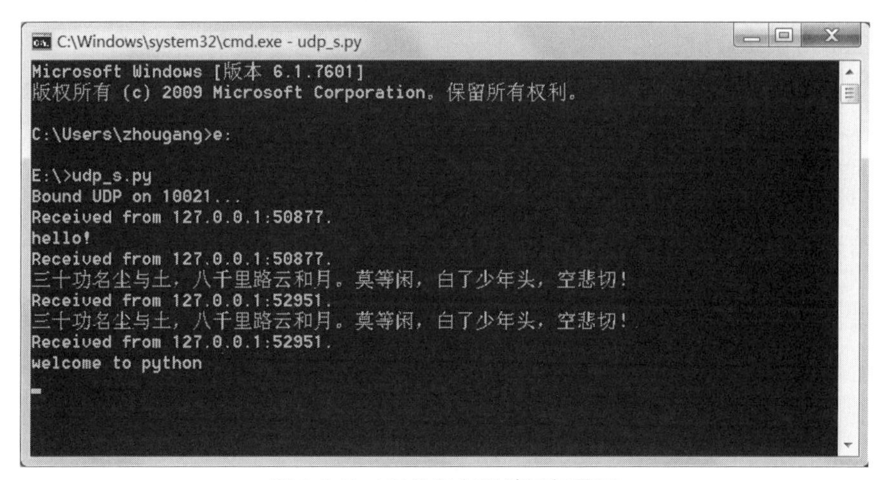

图 2-9-7　UDP 服务器端运行界面

UDP 客户端运行界面如图 2–9–8 所示。

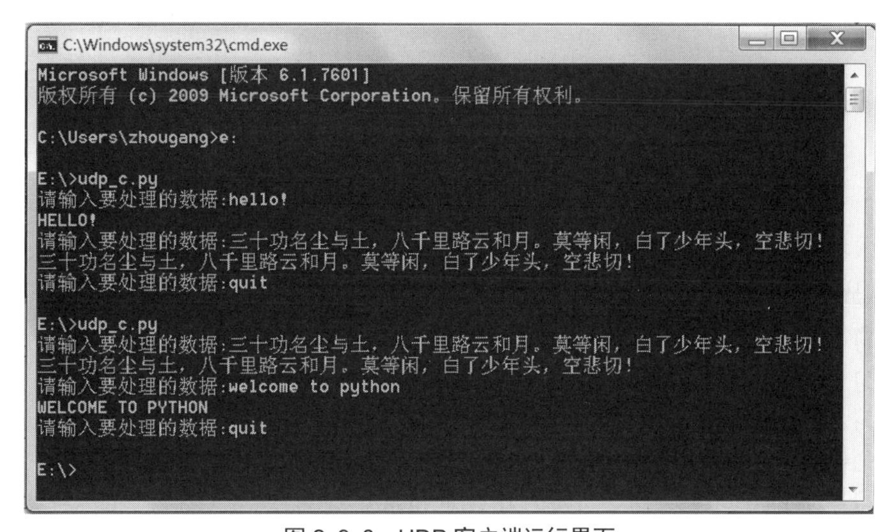

图 2-9-8　UDP 客户端运行界面

思考:

基于 Socket 的 TCP 和 UDP 编程有何区别?

答案：______________________________

【范例 5】 Python 的应用层协议使用（以 FTP 协议为例）

使用 FTP 架设工具（如 Home Ftp Server）或者系统管理工具，在本机（127.0.0.1）架设 FTP 服务器，访问地址为 ftp://127.0.0.1/，登录用户名为 admin，密码为 123456，使用 Python 的 ftplib 模块访问该 FTP，并进行读取等相关操作。

```
from ftplib import FTP                  # 加载 ftp 模块
ftp=FTP()                               # 设置变量
ftp.set_debuglevel(2)                   # 打开调试级别 2，显示详细信息
ftp.connect("127.0.0.1",21)             # 连接的 ftp sever 和端口 (20)
```

```
ftp.login("admin","123456")          # 连接的用户名、密码
print(ftp.getwelcome())              # 打印出欢迎信息
print(ftp.dir())                     # 显示目录下的所有目录信息
print(ftp.nlst())                    # 获取目录下的文件
ftp.set_debuglevel(0)                # 关闭调试模式
ftp.quit()                           # 退出 FTP
```

运行结果如图 2-9-9 所示。

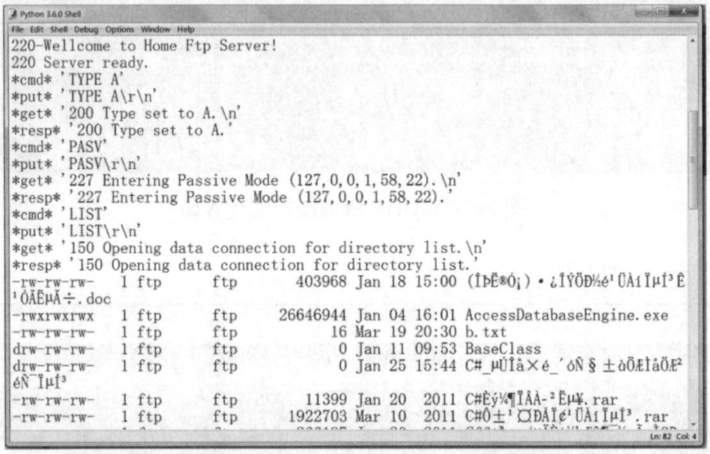

```
Python 3.6.0 Shell
File Edit Shell Debug Options Window Help
220-Wellcome to Home Ftp Server!
220 Server ready.
*cmd* 'TYPE A'
*put* 'TYPE A\r\n'
*get* '200 Type set to A.\n'
*resp* '200 Type set to A.'
*cmd* 'PASV'
*put* 'PASV\r\n'
*get* '227 Entering Passive Mode (127,0,0,1,58,22).\n'
*resp* '227 Entering Passive Mode (127,0,0,1,58,22).'
*cmd* 'LIST'
*put* 'LIST\r\n'
*get* '150 Opening data connection for directory list.\n'
*resp* '150 Opening data connection for directory list.'
-rw-rw-rw-   1 ftp      ftp        403968 Jan 18 15:00 (ÎÞÊ®Ó¡)·¿ÎÝÖÐ½é¹ÜÀíÏµÍ³Ê
¹ÓÃËµÃ÷.doc
-rwxrwxrwx   1 ftp      ftp      26646944 Jan 04 16:01 AccessDatabaseEngine.exe
-rw-rw-rw-   1 ftp      ftp            16 Mar 19 20:30 b.txt
drw-rw-rw-   1 ftp      ftp             0 Jan 11 09:53 BaseClass
drw-rw-rw-   1 ftp      ftp             0 Jan 25 15:44 C#_µÚÎå×é_´óÑ§±àÕÆÌåÕÆ²
éÑ¯ÏµÍ³
-rw-rw-rw-   1 ftp      ftp         11399 Jan 20  2011 C#Êý¾¶ÏÂÀ-²Êµ¥.rar
-rw-rw-rw-   1 ftp      ftp       1922703 Mar 10  2011 C#Ö±¹¤ÐÅÏ¢¹ÜÀíÏµÍ³.rar
Ln: 82 Col: 4
```

图 2-9-9　FTP 访问运行结果

也可由老师提供 FTP 地址，使用匿名用户 anonymous 和空密码进行访问。

3. 实战练习

【练习 1】使用 smtplib 模块和 email 模块完成指定电子邮箱的邮件发送。

【练习 2】使用 poplib 模块完成指定电子邮箱的邮件读取。

【练习 3】使用 ftplib 模块浏览指定 FTP 服务器的目录。

由老师根据网络情况指定 FTP 地址。

【练习 4】查询局域网内所有机器的 IP 地址和 MAC 地址。

参考代码：

```
import os
from socket import gethostbyname,gethostname
# 获取本机 IP 地址
host=gethostbyname(gethostname())
# 获取 ARP 表
os.system('arp -a>temp.txt')
with open('temp.txt') as fp:
        for line in fp:
                line=line.split()[:2]
                if line:
                        print(':'.join(line))
```

【练习 5】设计一个基于 TCP 的局域网聊天室。

实验 10　Python 数据库编程实践

1. 实验目的

（1）了解 SQLite 数据库及其管理系统。

（2）熟悉 SQL 语句。

（3）掌握 Python 数据库编程。

2. 实验内容

【范例 1】 SQLite 数据库管理软件

SQLite 是一款轻量级的开源的嵌入式数据库，由 D.Richard Hipp 在 2000 年发布。SQLite 使用方便，性能出众，广泛应用于消费电子、医疗、工业控制、军事等各种领域。Python 中自带了操作 SQLite 数据库的 sqlite3 模块，可以快捷方便地完成相关操作。

SQLiteStudio 是一款 Sqlite 数据库可视化工具，是使用 Sqlite 数据库开发应用的必备软件，软件无需安装，下载后解压即可使用，很小巧但很好用，绿色中文版本。比起其他 SQLite 管理工具，更方便易用，不用安装的单个可执行文件，支持中文。

SQLiteStudio 是一个跨平台的 SQLite 数据库的管理工具，采用 TCL 语言开发。SQLiteStudio 具有以下特色：功能完善的 sqlite2 和 sqlite3 工具，视图编码支持 utf-8；支持导出数据格式，包括 csv、html、plain、sql、xml；可同时打开多个数据库文件；支持查看和编辑二进制字段。

其基本操作与 Access 类似，这里主要介绍 SQLiteStudio 的数据库和基本表的创建过程。

1）创建数据库

选择“数据库”→“创建数据库”命令，弹出“数据库”对话框，在工作盘下创建 test.db 数据库，如图 2-10-1 所示。

2）创建基本表

右击 test 数据库下的 Tables 选项，在弹出的对话框中选择“新建表”命令，如图 2-10-2 所示。

选择“结构”选项卡，选择“插入列”，依次插入 student 表的学号（主键）、姓名、专业等信息，具体操作如图 2-10-3 所示。

选择“数据”选项卡，选择“插入行”，可以选择在 Grid 和 Form 两种视图下录入数据，具体操作如图 2-10-4 所示。

图 2-10-1　“数据库”对话框

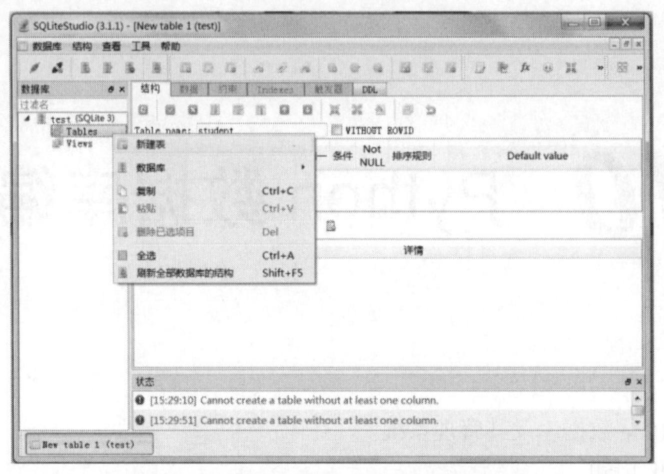

图 2-10-2　创建 SQLite 数据库基本表

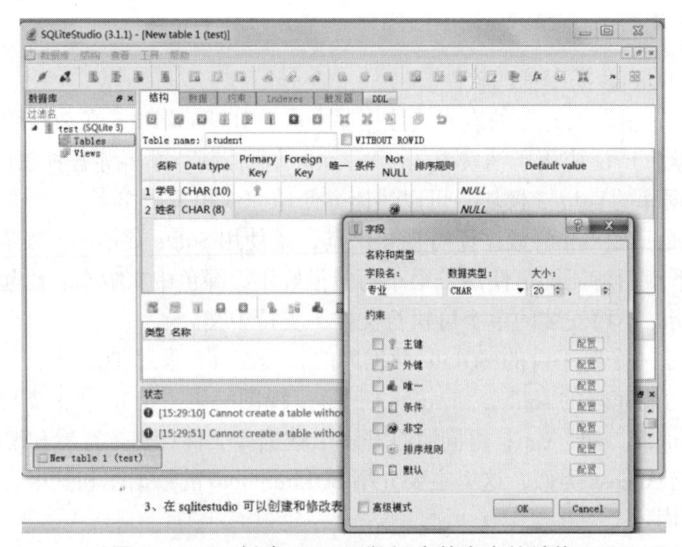

图 2-10-3　创建 SQLite 数据库基本表的结构

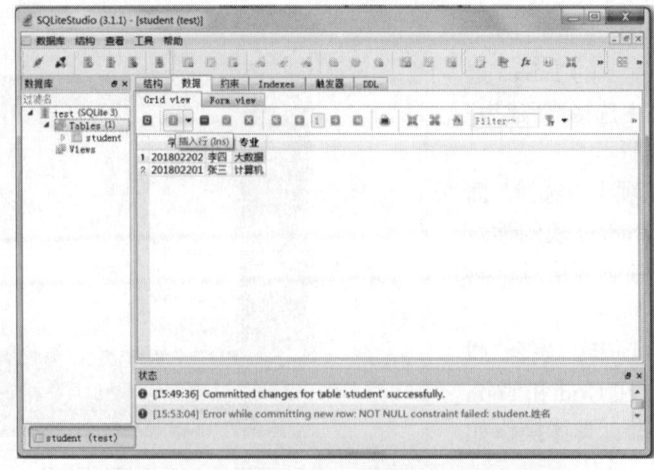

图 2-10-4　录入 SQLite 数据库基本表的数据

注意：每个表必须有一个主键。

【范例 2】熟悉 SQL 语句

结构化查询语言（Structured Query Language，SQL）是一种特殊目的的编程语言，是一种数据库查询和程序设计语言，用于存取数据以及查询、更新和管理关系数据库系统，同时也是数据库脚本文件的扩展名。

结构化查询语言是高级的非过程化编程语言，允许用户在高层数据结构上工作。它不要求用户指定对数据的存放方法，也不需要用户了解具体的数据存放方式，所以具有完全不同底层结构的不同数据库系统，可以使用相同的结构化查询语言作为数据输入与管理的接口。结构化查询语言语句可以嵌套，这使它具有极大的灵活性和强大的功能。

这里主要介绍 SQL 中的两类操作语言，一是数据操作语言（Data Manipulation Language，DML），也称动作查询语言，基本语句包括动词 INSERT、UPDATE 和 DELETE，分别用于添加、修改和删除表中的行；二是数据查询语言（Data Query Language，DQL）也称数据检索语句，用以从表中获得数据，确定数据如何在应用程序给出。保留字 SELECT 是 DQL（也是所有 SQL）用得最多的动词，其他 DQL 常用的保留字有 WHERE、ORDER BY、GROUP BY 和 HAVING。

选择“工具”→“打开 SQL 编辑器”命令，进入 SQL 编辑界面，输入查询语句“select * from student”，即可得到查询结果，如图 2-10-5 所示。

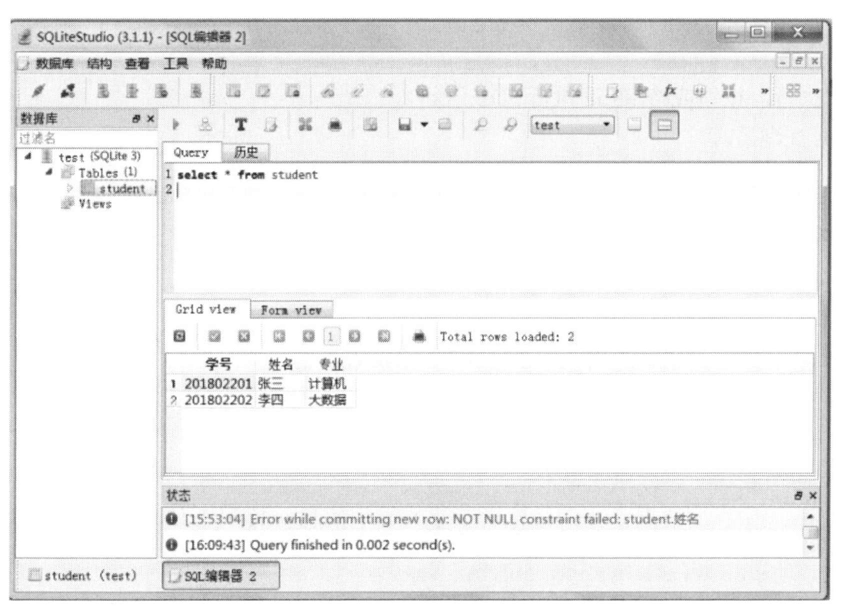

图 2-10-5　SQL 语句编辑和执行界面

后续执行 SQL 语句均在此界面中编辑并执行。

1）数据操作语言

（1）数据插入。

```
insert into <表名>( <列名>[,<列名>]....) values (value1, value2,...)
```

如果表中的每一列均有数据插入，则可不用指定任何表名。

在 student 表中插入一行数据，其学号为 201802203，姓名为王五，专业为物联网，分别插入 student 表的学号、姓名、专业列。其 SQL 语句为：

```
insert into student(学号,姓名,专业) values("201802204","王五","物联网")
```

单击“执行”按钮或按F9键执行SQL语句。

（2）数据修改。

```
update <表名> set <列名>=新值 where <条件表达式>
```

在studen表中修改数据，将学号为201802203的学生的专业更改为“大数据”专业。其SQL语句为：

```
update student set 专业="大数据" where 学号="201802204"
```

单击“执行”按钮或按F9键执行SQL语句。

（3）数据删除。删除指的是删除数据库中的一个记录，而不是删除某一列。

```
delete from <表名> where <条件表达式>
```

这些DQL保留字常与其他类型的SQL语句一起使用。

在student表中修改数据，将学号为201802203的学生信息删除。其SQL语句为：

```
delete from student where 学号="201802204"
```

单击“执行”按钮或按F9键执行SQL语句。

2）数据查询语言

```
SELECT select_list [INTO new_table_name] [FROM table_source] [WHERE search_condition] [GROUP BY group_by_expression]
```

小写的参数部分解释如下：

select_list：需要查询的数据表列。

new_table_name：将查询结果导入到新的基础表的表名。

table_source：待查询的基本表的表名。

search_condition：查询条件。

group_by_expression：分组条件。

在student表中查询数据，查询计算机专业的学生信息。其SQL语句为：

```
select 学号,姓名,专业 from student where 专业="计算机"
```

或者

```
select * from student where 专业="计算机"
```

其中*表示基础表中的所有列。

【范例3】Python操作SQLite数据库

Python的数据库模块有统一的接口标准，所以数据库操作都有统一的模式，基本上都是下面几步（假设数据库模块名为db_name）：

（1）用db.connect创建数据库连接，假设连接对象为conn，例如：

```
conn=sqlite3.connect(db_name)
```

（2）如果该数据库操作不需要返回结果，就直接用 conn.execute 查询（如 SELECT 语句），根据数据库事务隔离级别的不同，可能修改数据库需要 conn.commit（如 UPDATE、INSERT、DELETE 语句）。例如：

```
res=conn .execute(sql 语句 )
conn.commit()
```

（3）如果需要返回查询结果则用 conn.cursor 创建游标对象 cur，通过 cur.execute 查询数据库，用 cur.fetchall 返回所有值，用 cur.fetchone 返回第一项，用 cur.fetchmany(n) 返回前 n 项查询结果。例如：

```
cur=conn.cursor()
res=cur .execute(sql)
print(res.fetchmany(2))
```

（4）关闭 cur、conn。先关闭数据库操纵游标 cur 并关闭数据连接 conn。例如：

```
cur.close()
conn.close()
```

对 test.db 数据库中的 student 基本表进行查询、修改、插入和删除的基本操作，具体操作如下：

1）查询 student 基本信息

在 IDLE 中输入代码：

```
import sqlite3
db_name="E:/test.db"# 数据库名
table_name="student"# 表名
conn=sqlite3.connect(db_name)# 创建数据库连接
rs=conn.cursor()# 数据库操纵游标
sql="Select * from " + table_name# 定义 SQL 语句
res=rs .execute(sql)# 执行 SQL 语句
for i in res.fetchall():
        print(i)# 逐条返回查询结果
rs.close()
conn.close()
```

执行结果如图 2-10-6 所示。

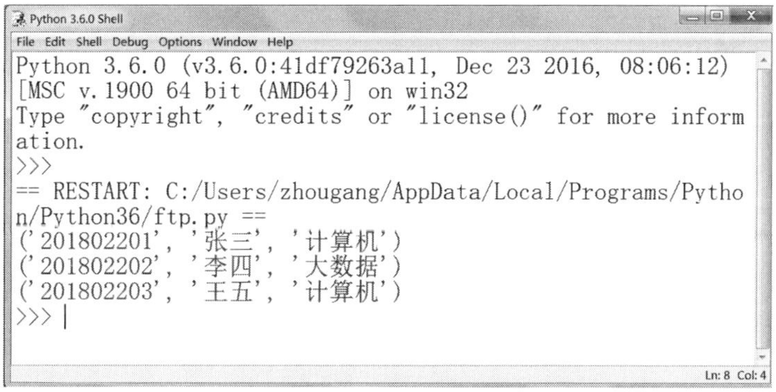

```
Python 3.6.0 Shell
File Edit Shell Debug Options Window Help
Python 3.6.0 (v3.6.0:41df79263a11, Dec 23 2016, 08:06:12) [MSC v.1900 64 bit (AMD64)] on win32
Type "copyright", "credits" or "license()" for more information.
>>>
== RESTART: C:/Users/zhougang/AppData/Local/Programs/Python/Python36/ftp.py ==
('201802201', '张三', '计算机')
('201802202', '李四', '大数据')
('201802203', '王五', '计算机')
>>> |
Ln: 8 Col: 4
```

图 2-10-6　查询结果

思考:

（1）如何查询数据库基本表的前两条数据?

答案：________________

（2）如何查询学生所读专业列表（重复专业只显示一次）?

答案：________________

2）修改 student 基本信息

在 IDLE 中输入代码:

```
import sqlite3
db_name="C:/test/test.db"# 数据库名
table_name="student"# 表名
conn=sqlite3.connect(db_name)# 创建数据库连接
rs=conn.cursor()# 数据库操纵游标
xh=input("需要修改的学号：")
xm=input("更改姓名：")
zy=input("更改专业：")
sql="update'"+table_name+"'set 姓名='"+xm+" ',专业='"+zy+"' where 学号=
'"+xh+"'"
# 定义 SQL 语句
rs.execute(sql)# 执行 SQL 语句
conn.commit()
sql1="select * from student"
rs.execute(sql1)
res=rs.fetchall()
print(res)
rs.close()
conn.close()
```

执行结果如图 2-10-7 所示。

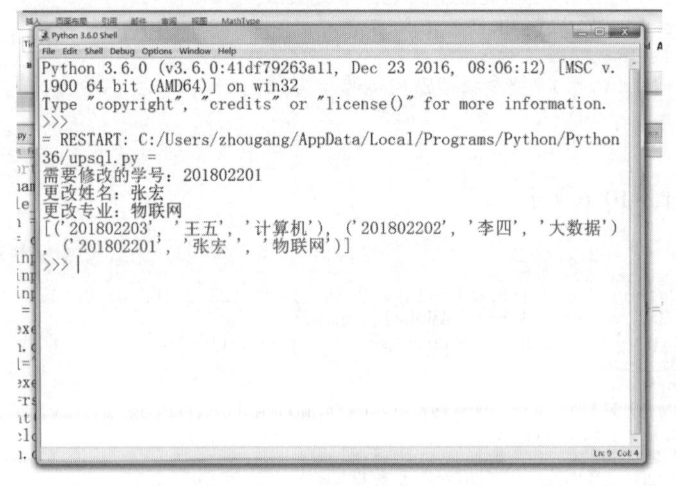

图 2-10-7　修改 student 信息

注意：执行 conn.commit() 语句后，SQL 语句才会执行并修改数据库中的信息。

思考:

（1）sql ="update'"+ table_name + "'set 姓名 ='"+xm+"', 专业 ='"+zy+"' where 学号 =

'"+xh+"' 语句中单引号和双引号使用的作用？

答案：____________________

（2）xh=input(" 需要修改的学号：") 语句中如果输入的学号不存在，如何处理？试着改写优化上述 Python 程序。

答案：____________________

3）增加 student 基本信息

在 IDLE 中输入代码：

```
import sqlite3
db_name="C:/test/test.db"# 数据库名
table_name="student"# 表名
conn=sqlite3.connect(db_name)# 创建数据库连接
rs=conn.cursor()# 数据库操纵游标
xh=input(" 新学号：")
xm=input(" 姓名：")
zy=input(" 专业：")
sql="insert into'"+ table_name+"' values('"+xh+"','"+xm+"','"+zy+"')"
# 定义 SQL 语句
rs.execute(sql)# 执行 SQL 语句
conn.commit()
sql1="select * from student"
rs.execute(sql1)
res=rs.fetchall()
print(res)
rs.close()
conn.close()
```

执行结果如图 2-10-8 所示。

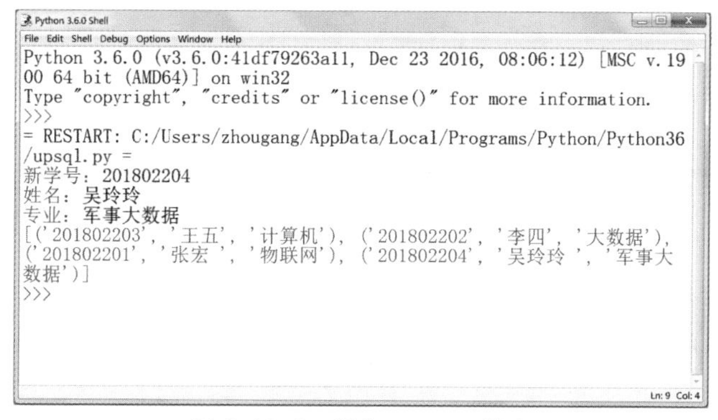

图 2-10-8　插入 student 信息

思考：

（1）sql = " insert into '"+ table_name +"' values('"+xh+"', '"+xm+" ', '"+zy+"')" 中括弧中变量的顺序是否可以调整，为什么？

答案：____________________

（2）xh=input(" 新学号：") 语句中如果输入的学号已经存在，会有什么问题？如何处理？试着改写优化上述 Python 程序。

答案：____________________

4）删除 student 基本信息

在 IDLE 中输入代码：

```
import sqlite3
db_name="C:/test/test.db"# 数据库名
table_name="student"# 表名
conn=sqlite3.connect(db_name)# 创建数据库连接
rs=conn.cursor()# 数据库操纵游标
xh=input("待删除的学号：")
sql="delete'"+table_name+"'where 学号 ='"+zy+"')"
# 定义 SQL 语句
rs.execute(sql)# 执行 SQL 语句
conn.commit()
sql1="select * from student"
rs.execute(sql1)
res=rs.fetchall()
print(res)
rs.close()
conn.close()
```

执行结果如图 2-10-9 所示。

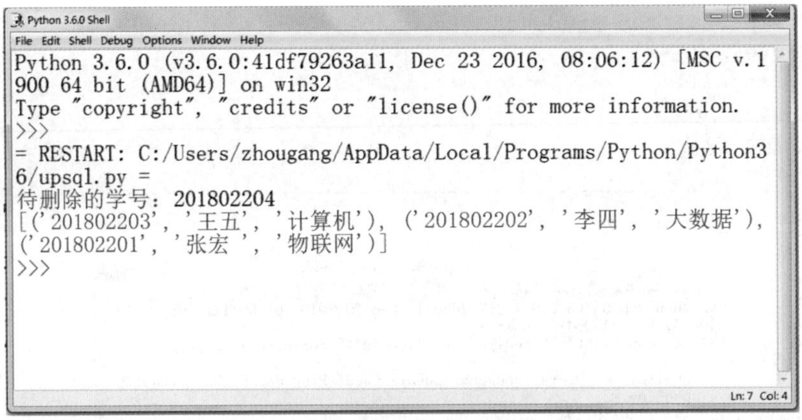

```
Python 3.6.0 Shell
File Edit Shell Debug Options Window Help
Python 3.6.0 (v3.6.0:41df79263a11, Dec 23 2016, 08:06:12) [MSC v.1
900 64 bit (AMD64)] on win32
Type "copyright", "credits" or "license()" for more information.
>>>
= RESTART: C:/Users/zhougang/AppData/Local/Programs/Python/Python3
6/upsql.py =
待删除的学号：201802204
[('201802203', '王五', '计算机'), ('201802202', '李四', '大数据'),
('201802201', '张宏 ', '物联网')]
>>>
Ln: 7 Col: 4
```

图 2-10-9　删除 student 信息

思考：

在删除前需要用户再次确认是否删除，如何修改代码？优化后程序运行结果如图 2-10-10 所示。

答案：____

3. 实战练习

【练习 1】使用 SQLiteStudio 数据库管理系统在基本表 student 上插入一列“成绩”，该列为正整数且不能为空，并填入相关成绩数据。

【练习 2】使用 Python 对 student 表查询以下信息：

（1）所有不及格学生的学号和姓名。

（2）统计“计算机”专业学生的平均分。

（3）统计 student 表中所有学生成绩的最高分和最低分。

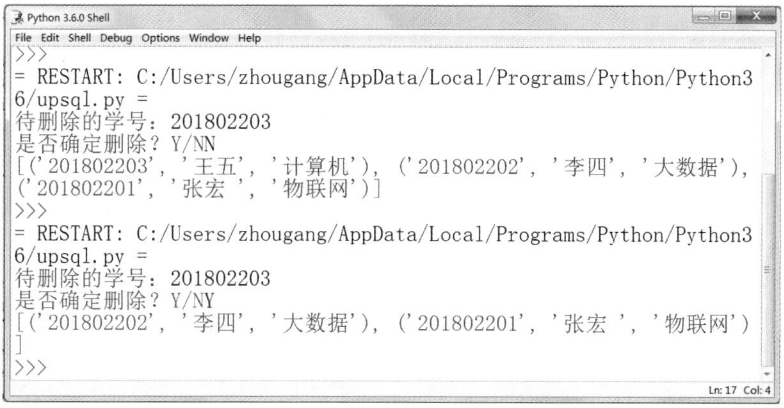

```
Python 3.6.0 Shell
File Edit Shell Debug Options Window Help
>>>
= RESTART: C:/Users/zhougang/AppData/Local/Programs/Python/Python3
6/upsql.py =
待删除的学号：201802203
是否确定删除？Y/NN
[('201802203', '王五', '计算机'), ('201802202', '李四', '大数据'),
('201802201', '张宏 ', '物联网')]
>>>
= RESTART: C:/Users/zhougang/AppData/Local/Programs/Python/Python3
6/upsql.py =
待删除的学号：201802203
是否确定删除？Y/NY
[('201802202', '李四', '大数据'), ('201802201', '张宏 ', '物联网')
]
>>>
Ln: 17 Col: 4
```

图 2-10-10　删除 student 信息的确认

（4）所有“大数据”专业学生的名字和成绩。

（5）查询所有姓“张”的学生信息。

【练习 3】使用 Python 对 student 表进行以下操作：

（1）删除所有专业为“物联网”的学生信息。

（2）插入学生信息（“201802209”，“李菲菲”，“大数据”，85）。

（3）插入学生信息（“201802209”，“慕容复”，“大数据”，67）。

（4）修改所有不及格学生的成绩为 60。

（5）修改所有“大数据”专业且分数位于 50 到 59 分之间的学生成绩调整为 70。

【练习 4】查阅资料使用 Python 连接 Access 数据库。

【练习 5】查阅资料使用 Python 连接 MySQL 数据库。

【练习 6】查阅资料使用 Python 进行连接查询。

在 test.db 数据库中新建一个关于学生兴趣爱好的基本表 hobby（学号，爱好），并录入数据（注意学号必须为基本表 student 中已经存在的），使用连接查询，根据 student 和 hobby 两个表查询以下信息：

（1）查询大数据专业的学生爱好，输出 { 姓名，专业，爱好 }。

（2）查询爱好为“足球”的专业，输出 { 专业 }。

（3）查询不及格学生的爱好，输出 { 爱好 }。

实验 11 Python 多媒体编程

1. 实验目的

（1）掌握音频、图像和视频（动画）的基本技术指标和属性信息。

（2）使用 Python 能进行简单的音频处理。

（3）使用 Python 能进行简单的图像处理。

（4）使用 Python 能进行简单的视频（动画）处理。

2. 实验内容

【范例 1】基础知识

1）数字音频

数字音频就是数字化的声音数据，数字化声音的过程实际上就是以一定的频率对来自外部设备的连续的模拟音频信号进行模数转换（如采用 PCM 过程），得到音频数据的过程。在数字化声音时有 3 个重要的指标，即采样频率、量化位数和声道数。

采样频率即单位时间内的采样次数，采样频率越大，采样点之间的间隔越小，数字化得到的声音就越逼真，但相应的数据量增大，处理起来就越困难；量化位数记录每次样本值大小的数值的位数，它决定采样的动态变化范围，位数越多，所能记录声音的变化程度就越细腻，所得的数据量也越大；声道数是产生的声音的波形个数，单声道产生一个波形，双声道（也称立体声）产生两个声音波形。

常见的音频格式包括 CD、WAV、AIFF、MPEG、MP3、MIDI、WMA、AAC 等。

2）数字图像

图像数字化是将连续色调的模拟图像经采样量化后转换成数字影像的过程。图像数字化运用的是计算机图形和图像技术，在测绘学、摄影测量与遥感学等学科中得到广泛应用。在图像数字化过程中，影响图像质量的两个重要的因素是图像分辨率和像素深度。

图像分辨率是图像的像素数量，是图像精细程度的度量方法，一般使用横向和纵向所包含的像素点个数的乘积表示；像素深度是表示每个像素的颜色所使用的二进制位数，其决定了图像的可使用颜色个数。

例如，右击某图像，选择“属性”命令，在弹出的对话框中选择“详细信息”选项卡，如图 2-11-1 所示。详细信息主要包括尺寸、宽度、高度、位深度等，其中分辨率对应于宽度 * 高度，像素深度对应于位深度。

常见的图像格式包括 BMP（位图）、JPEG、GIF、PNG、PSD（photoshop 软件）等。

3）视频和动画

视频或动画都是独立数字图像（称为帧）的连续展现，视频是自然景物图像，而动画是人工或计算机设计的图像。因此，视频或动画除了包括数字图像的基本指标外，还包括图像连续展现的速度，即帧率。

图 2-11-1 数字图像的详细信息

因此，一个视频或动画应当包括 3 个主要指标：分辨率，像素深度和帧率。

例如，右击某图像，选择“属性”命令，在弹出的对话框中选择“详细信息”选项卡，结果如图 2-11-2 所示。详细信息主要包括帧宽度、帧长度、帧速率等，其中还包括了视频附带音频的比特率、频道、采样频率等信息。

图 2-11-2 视频的详细信息

常见的视频或动画格式包括 WMV、AVI、MPEG、RMVB 等。

【范例 2】音频编程

对一段 WAV 音频文件进行操作，查看其基本技术指标，并使用图形化方法将其波形图展现出来。在 IDLE 中输入代码：

```
import wave
import matplotlib.pyplot as plt
import numpy as np
import os
```

```
f=wave.open("c:/test/test.wav",'rb')
params=f.getparams()
nchannels, sampwidth, framerate, nframes = params[:4]
print(" 声道数: ",params[0])
print(" 量化位数 (byte 单位): ",params[1])
print(" 采样频率: ",params[2])
print(" 采样点数: ",params[3])
print(" 压缩类型: ",params[4])
print(" 压缩类型的描述: ",params[5])
strData=f.readframes(nframes)# 读取音频, 字符串格式
waveData=np.fromstring(strData,dtype=np.int16)# 将字符串转化为 int
waveData=waveData*1.0/(max(abs(waveData)))#wave 幅值归一化
# 音频波形化展示(叠加两个声道)
time=np.arange(0,nframes*params[1])*(1.0 / framerate)
plt.plot(time,waveData)
plt.xlabel("Time(s)")
plt.ylabel("Amplitude")
plt.title("Single channel wavedata")
plt.grid('on')# 标尺, on: 有, off: 无。
plt.show()# 展示波形图
```

注意：安装绘图模块 matplotlib 和数学分析模块 numpy。

运行结果如图 2-11-3 所示。

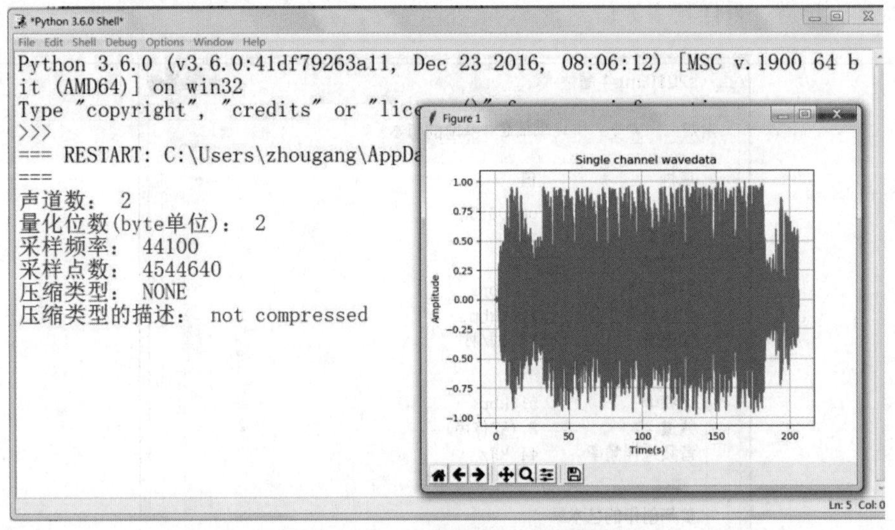

图 2-11-3　音频信息及其波形图

通过 Python 编程可以知道 test.wav 音频的声道数为 2，即为立体声，量化位数为 2 bit，采样频率为 44.1 kHz，没有压缩。

因此，考虑将两个声道分开处理，分别输出波形图。输入代码为：

```
import wave
import matplotlib.pyplot as plt
import numpy as np
import os
f=wave.open("c:/test/test.wav",'rb')
params=f.getparams()
```

```
nchannels,sampwidth,framerate,nframes=params[:4]
print(" 声道数：",params[0])
print(" 量化位数 (byte 单位)：",params[1])
print(" 采样频率：",params[2])
print(" 采样点数：",params[3])
print(" 压缩类型：",params[4])
print(" 压缩类型的描述：",params[5])
strData=f.readframes(nframes)# 读取音频，字符串格式
waveData=np.fromstring(strData,dtype=np.int16)# 将字符串转化为 int
waveData.shape=-1,2
waveData=waveData.T
# 音频波形化展示(分为左右声道)
time=np.arange(0,nframes)*(1.0/framerate)
plt.subplot(211)
plt.plot(time,waveData[0],color='green')
plt.subplot(212)
plt.plot(time,waveData[1],color='red')
plt.xlabel("Time(s)")
plt.ylabel("Amplitude")
plt.title("Single channel wavedata")
plt.grid('on')# 标尺，on：有，off：无。
plt.show()# 展示波形图
```

运行结果如图 2-11-4 所示。

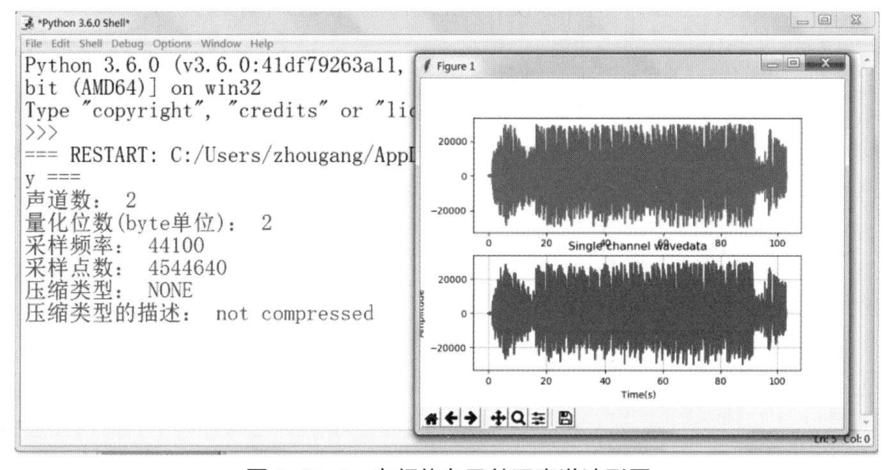

图 2-11-4　音频信息及其双声道波形图

【范例 3】图像编程

对一张 JPG 图像文件进行操作，查看其基本信息并进行相关操作。

1）查看其基本技术指标

查看图片 lnj.jpg 的分辨率、格式等基本信息。在 IDLE 中输入代码：

```
from PIL import Image
im_path=r'c:\test\lnj.jpg'# 图像文件绝对路径
im=Image.open(im_path)# 打开图像文件
width,height=im.size# 读取图像尺寸
print("尺寸：%d*%d，宽度：%d，高度：%d"%(im.size[0],im.size[1],width, height))
# 格式，以及格式的详细描述
```

```
print("格式：%s，详细信息：%s"%(im.format, im.format_description))
im.save(r'c:\test\lnj_copy.jpg')
im.show()
```

注意：安装图像处理模块 pillow。

运行结果如图 2-11-5 所示，并观察结果与图 2-11-1 所示的该图片详细信息，查看结果是否一致。

图 2-11-5　图像基本信息

2）改变像素点颜色

查看该图片指定区域的 RGB 值并都设置为红色。在 IDLE 中输入代码：

```
from PIL import Image
im_path=r'c:\test\lnj.jpg'# 图像文件绝对路径
im=Image.open(im_path)# 打开图像文件
print("模式：",im.mode)# 查看图像存储模式
pix=im.load()# 导入像素
width=im.size[0]
height=im.size[1]
for x in range(100,105):
    for y in range(100,105):
        r,g,b=pix[x,y]
        print(x,y,":",r,g,b)# 查看（100,100）到（105,105）区域 RGB 值
        im.putpixel((x,y),(255,0,0))# 将该区域设置为红色
im.show()
```

运行结果如图 2-11-6 所示，图片左侧中间位置出现一个红点。

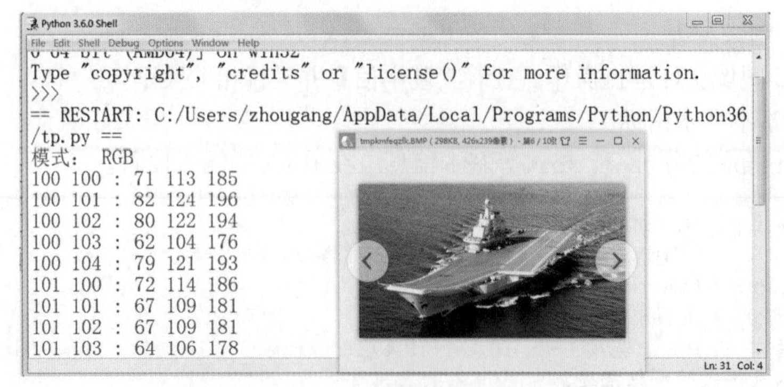

图 2-11-6　该表部分像素点为红色

3）改变图像颜色模式

将 RGB 彩色图像更改为灰色图像，首先可以查询灰色图像的 RGB 值，见表 2-11-1。

表 2-11-1　改变图像颜色模式

RGB 值	颜　　色
0，0，0	黑色
51，51，51	80% 灰
128，128，128	50% 灰
153，153，153	40% 灰
192，192，192	25% 灰
255，255，255	白色

可以发现，灰色图像的 RGB 值相同。

灰色图像的每个像素用 8 个 bit 表示，0 表示黑，255 表示白，其他数字表示不同的灰度。在 PIL 中，从模式“RGB”转换为“L”模式是按照下面的公式转换的：

L = R * 299/1000 + G * 587/1000+ B * 114/1000

因此，可以得到从 RGB 彩色图像转化为灰色图像的基本思路，即先从 RGB 值得到图像的 L 值，然后设置 RGB 值均相同，且为 L 即可。

在 IDLE 中输入代码：

```
from PIL import Image
im_path=r'c:\test\lnj.jpg'# 图像文件绝对路径
im=Image.open(im_path)# 打开图像文件
print(" 模式: ",im.mode)# 查看图像存储模式
pix=im.load()# 导入像素
width=im.size[0]
height=im.size[1]
for x in range(0,width):
    for y in range(0,height):
        r,g,b=pix[x,y]# 获取 RGB 值
        l=int(r*299/1000+g* 587/1000+ b* 114/1000)# 计算灰度
        im.putpixel((x,y),(l,l,l))# 将该区域设置为灰色
im.show()
```

运行结果如图 2-11-7 所示，图片整体变为灰色图像。

图 2-11-7　灰色图像效果

思考：

（1）如何改写上述代码，将图像改为黑白图像?

图像调整后的黑白的效果如图 2-11-8 所示。

图 2-11-8　黑白图像效果

（2）查阅资料，了解是否还有可转化为灰色图像、黑白图像的方法。

答案：____

4）图像的裁剪、翻转等基础处理

对图像 lnj.jpg 执行裁剪、翻转和缩放功能，具体代码为：

```
from PIL import Image
im_path=r'c:\test\lnj.jpg'# 图像文件绝对路径
im=Image.open(im_path)# 打开图像文件
width=im.size[0]
height=im.size[1]
# 裁剪图片右上角
cropedIm=im.crop((0,0,width//2,height//2))
cropedIm.save(r'C:\test\lnj1.jpg')
# 旋转图片
fixedIm=im.rotate(90)# 左转 90 度
fixedIm.save(r'C:\test\lnj2.jpg')
# 调整尺寸
modiIm=im.resize((400,400),Image.ANTIALIAS)# 调整为 400*400
modiIm.save(r'C:\test\lnj3.jpg')
# 拼接图片
arr=['C:/test/lnj.jpg','C:/test/lnj1.jpg','C:/test/lnj2.jpg','C:/test/
lnj3.jpg']
toImage=Image.new('RGB',(800,800),"green")# 新建一个绿底方图
for i in range(4):
    fromImge=Image.open(arr[i])
    loc=((int(i/2)*400),(i % 2)*400)
    toImage.paste(fromImge,loc)# 依次将 arr 中的图片粘贴到 toImage 中
toImage.show()
toImage.save(r'C:\test\lnjhc.jpg')
```

运行结果如图 2-11-9 所示。

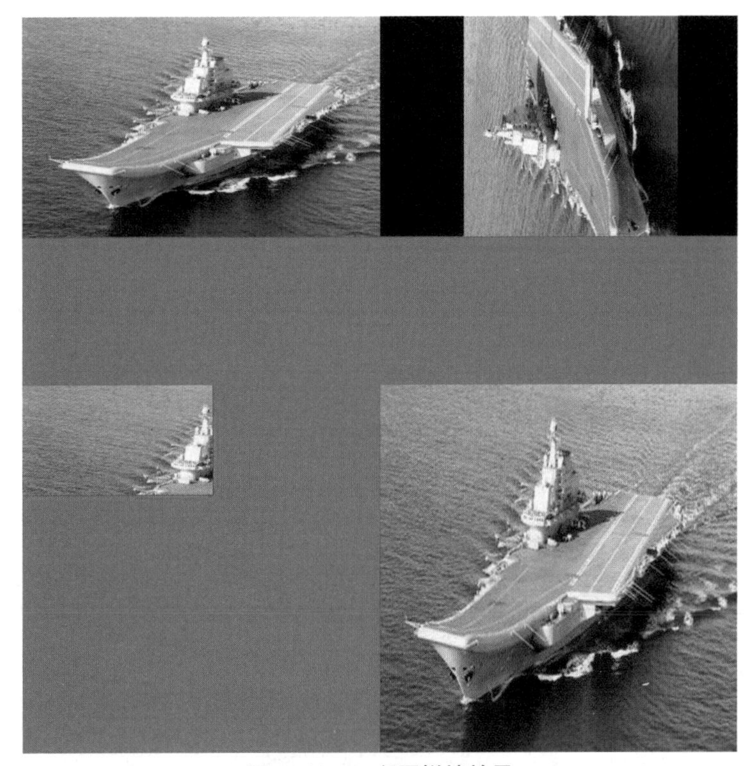

图 2-11-9　多图拼接效果

图 2-11-9 中，左上图为原图，右上图为旋转 90 度图，左下图为裁剪图，右下图为调整尺寸图。

5）图像的滤波处理

在图像处理中，经常需要对图像进行平滑、锐化、边界增强等滤波处理。在使用 PIL 图像处理库时，通过 Image 类中的成员函数 filter() 调用滤波函数对图像进行滤波，而滤波函数则通过 ImageFilter 类来定义。

ImageFilter 类中预定义了一些滤波方法，如 BLUR（模糊滤波）、CONTOUR（轮廓滤波）、DETAIL（细节滤波）、EDGE_ENHANCE（边界增强滤波）、EDGE_ENHANCE_MORE（边界增强滤波）、EMBOSS（浮雕滤波）等。

对图像 lnj.jpg 执行滤波调整，具体代码如下：

```
from PIL import Image
from PIL import ImageFilter
im_path=r'c:\test\lnj.jpg'# 图像文件绝对路径
im=Image.open(im_path)# 打开图像文件
width=im.size[0]
height=im.size[1]
# 模糊滤波
mhIm=im.filter(ImageFilter.BLUR)
mhIm.save(r'C:\test\lnjmh.jpg')
# 轮廓滤波
lkIm=im.filter(ImageFilter.CONTOUR)
```

```
    lkIm.save(r'C:\test\lnjlk.jpg')
    # 浮雕滤波
    fdIm=im.filter(ImageFilter.EMBOSS)
    fdIm.save(r'C:\test\lnjfd.jpg')
    # 拼接图片
    arr=['C:/test/lnj.jpg','C:/test/lnjmh.jpg','C:/test/lnjlk.jpg','C:/
test/lnjfd.jpg']
    toImage=Image.new('RGB',(width*2,height*2),"white")# 新建一个白底图
    for i in range(4):
        fromImge=Image.open(arr[i])
        loc=((int(i/2)*width),(i % 2)*height)
        toImage.paste(fromImge,loc)# 依次将 arr 中的图片粘贴到 toImage 中
    toImage.show()
    toImage.save(r'C:\test\lnjlbhc.jpg')
```

运行结果如图 2-11-10 所示。

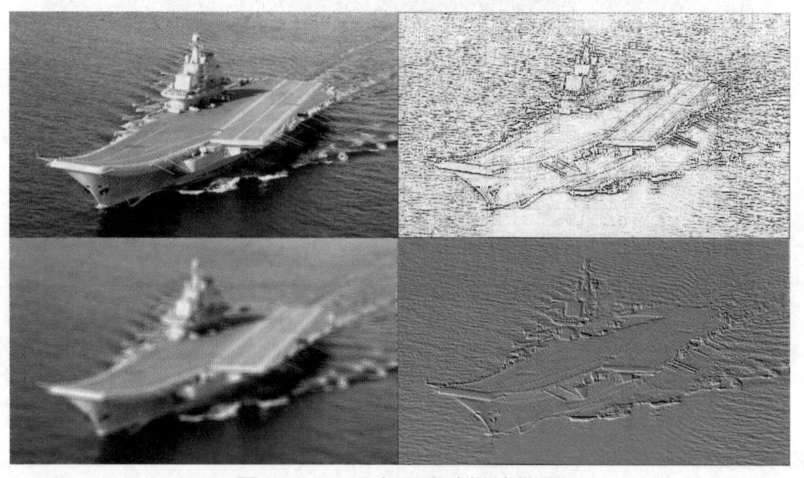

图 2-11-10　多图滤波拼接效果

图 2-11-10 中，左上图为原图，右上图为轮廓滤波，左下图为模糊滤波，右下图为浮雕滤波。

【范例 4】视频（动画）的基本编辑操作

GIF 是一种典型的动画格式，对一个 GIF 动画提取其各帧图像，并拼接出来。输入代码如下：

```
    from PIL import Image
    f=Image.open(r'c:\test\timg.gif')
    t=Image.new('P',f.size)
    p=f.getpalette()# 获取原图的调色板
    c=1
    try:
        while True:
            b=f.tell()# 获取文件指针当前位置
            f.seek(b+1)
            t=f.copy()
            t.putpalette(p)# 使用原图相同色板
            st="c:/test/gif/"+str(c)+'.gif'
            t.save(st)
            c+=1
    except EOFError:
```

```
        pass
    print("尺寸为%d*%d"%(t.size[0],t.size[1]))
    print("帧数：",c-1)
    n=int(c**0.5)
    toImage=Image.new('RGB',(t.size[0]*n,t.size[1]*n),"white")#新建一个白底图
    for i in range(c-1):
        fromImge=Image.open("c:/test/gif/"+str(i+1)+'.gif')
        loc=((int(i/n)*t.size[0]),(i % n) * t.size[1])
        toImage.paste(fromImge,loc)#依次将 arr 中的图片粘贴到 toImage 中
    toImage.show()
    toImage.save(r'C:\test\gif\hc.jpg')
```

运行结果如图 2-11-11 所示，提取动画中的帧拼接如图 2-11-12 所示，提取出的图像文件列表如图 2-11-13 所示。

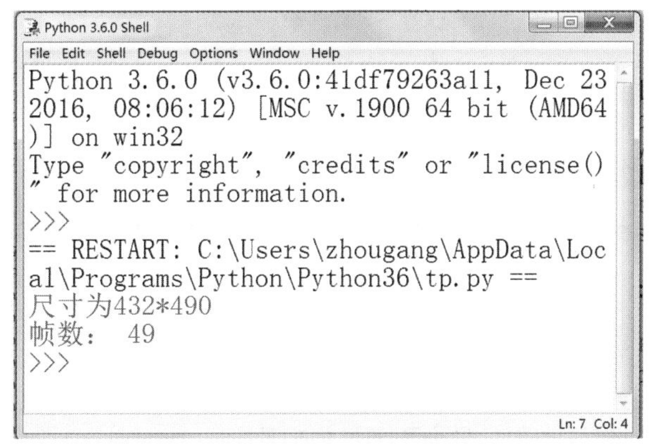

图 2-11-11　提取动画基本信息

图 2-11-12　动画各帧拼接图

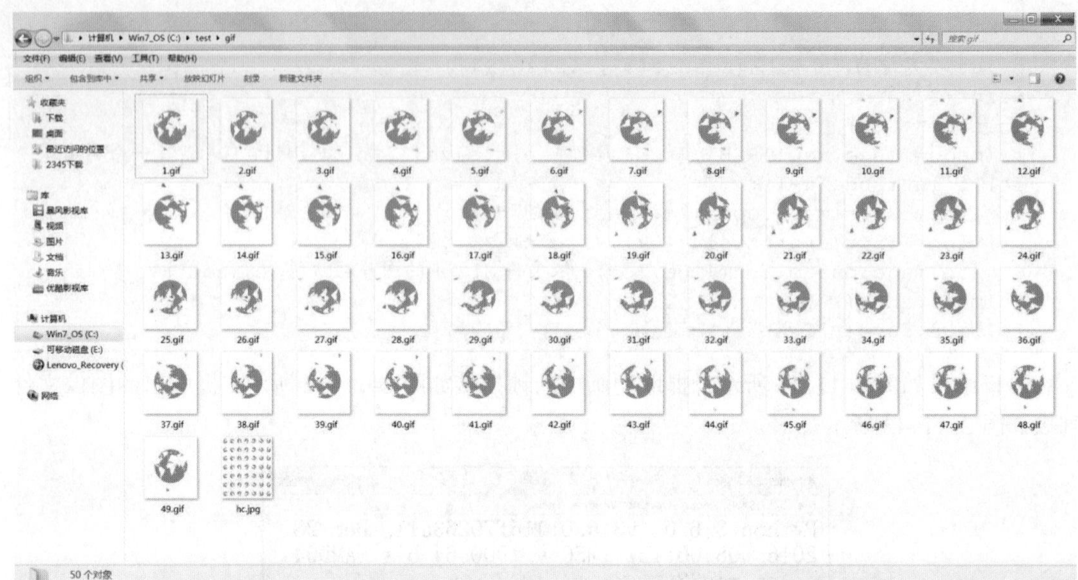

图 2-11-13　动画生产文件夹 gif 中的文件列表

思考：

1. print(" 帧数：",c-1)，为什么动画帧数是 c-1？

答案：____

2. 将动画中所有帧拼接起来，程序是如何实现的？

答案：____

3. 实战练习

【练习 1】选择一首 wav 歌曲，观察其基本信息，并通过观察其波形图分析其前奏、主歌、副歌、结尾的区别。

【练习 2】拼图游戏。

将一张图片使用剪切方法划分为 4 个部分，然后将这 4 个部分打乱重新拼接为一个新的图片。

【练习 3】使用滤波处理分别处理一个人像的原图和灰色图。

【练习 4】九宫图制作：给定 9 张照片，截取每张照片为正方形（长的上下取中间，宽的左右取中间），将每张图片缩放成 400*400 大小，将 9 张图片放入一个图片中（按三行三列存放），显示并保存图片文件。

【练习 5】取出指定动画的第 6 帧，保存为图像，并获取其基本信息。

实验 12 Python 数据分析与挖掘

1. 实验目的

（1）掌握使用 Python 绘制数学函数。

（2）了解使用 Python 进行数据分析及可视化。

（3）了解使用 Python 进行数据回归分析。

2. 实验内容

【范例 1】绘制基本数学函数

使用 Python 绘制数学函数主要使用 matplotlib 和 numpy 两个模块。其中 matplotlib 可能是 Python 2D 绘图领域使用最广泛的套件，能让使用者很轻松地将数据图形化，并且提供多样化的输出格式。numpy（Numerical Python）用于 Python 的科学计算，提供了 Python 对多维数组对象的支持，具有矢量运算能力，快速、节省空间。numpy 支持高级大量的维度数组与矩阵运算，此外也针对数组运算提供大量的数学函数库。

1）绘制 $y=x^2$ 的函数曲线

取 x 的值为 –100 到 +100，y 为 x 的平方，绘制函数曲线，输入代码：

```
import matplotlib.pyplot as plt
import numpy as np
x=range(-100,100)  #x 轴取值 -100 到 100
y=[val**2 for val in x]   #y 轴取值为 x 的平方
plt.plot(x,y)  # 绘制 x,y 曲线
plt.show()# 显示曲线
```

运行结果如图 2-12-1 所示。

思考：

（1）绘制 $y=\sin(x)(-5 \leqslant x \leqslant 5)$ 曲线，sin(x) 在 python 中用 numpy.sin(x) 表示？

答案：______

（2）分析绘制 $y=\sin(x)$ 的曲线，存在什么问题，如何解决？

答案：______

2）求函数 $y=\sin(x)$ 和 $y=\cos(x)$ 的交点

取 x 的值为 –5 到 +5，y_1 为 sin(x)，y_2 为 $\cos(x)$，绘制函数曲线，并求得两个函数曲线的交点，即在 (–5,+5) 范围内 $\sin(x)=\cos(x)$ 的坐标或解。

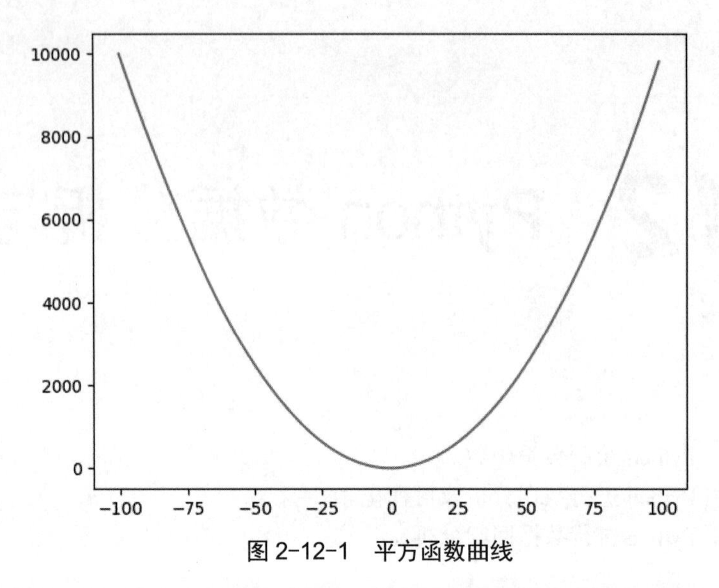

图 2-12-1　平方函数曲线

输入代码：

```
    import matplotlib.pyplot as plt
    import numpy as np
    c=0
    x=np.linspace(-5,5,100) #x 轴取值 -5 到 5 中的 100 个数的序列
    y1=[]#y1 记录 x 对应的 sin(x) 值
    y2=[]#y1 记录 x 对应的 cos(x) 值
    for val in x:
            y1.append(np.sin(val))
            y2.append(np.cos(val))
            # 求 sin(x) 与 cos(x) 的交点，round() 为精度控制
            if round(np.sin(val),1)==round(np.cos(val),1):
                    c=c+1# 记录交点个数
                            print(" 第 %d 个交点为 (%.3f,%.3f)"%(c,val,np.
sin(val)))
    plt.plot(x,y1,label='sin(x)',color="r")# 绘制 x,y1 的红色曲线
    plt.plot(x,y2,label='cos(x)',color="b")# 绘制 x,y2 的蓝色曲线
    plt.xlabel("x")#x 坐标轴
    plt.ylabel("y")#y 坐标轴
    plt.legend()
    plt.show()# 显示曲线
```

运行结果如图 2-12-2 所示。

思考：

（1）求 $y=x$ 与 $y=\sin(x)+\cos(x)$ 的交点个数和具体坐标取值。

答案：____

（2）分析 $y=\sin(x)$ 的曲线和上一程序中 $y=x^2$ 曲线的区别，特别是对 x 轴的取值。

答案：____

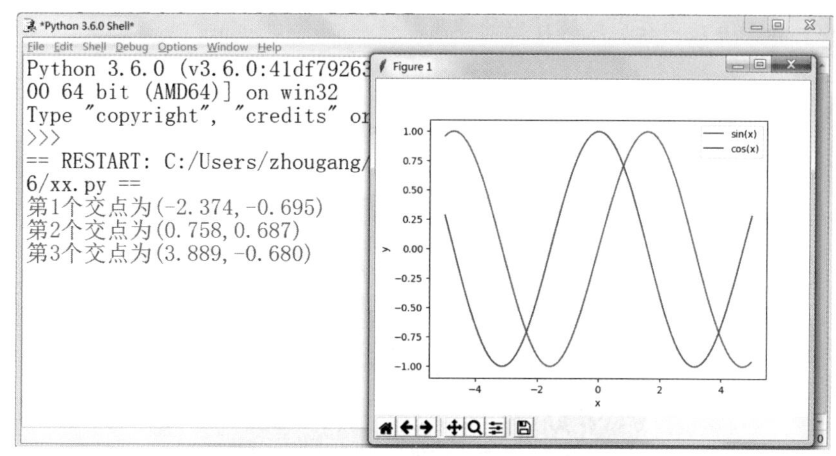

图 2-12-2　求两个函数曲线的交点

【范例 2】数学分析及可视化

数据可视化主要旨在借助于图形化手段，清晰有效地传达与沟通信息。数据可视化与信息图形、信息可视化、科学可视化以及统计图形密切相关。使用 Python 的 matplotlib 和 numpy 两个模块可以实现简单的数据可视化。

1）绘制饼图

某个班级有 20 名学生，并存储在列表 lgrade 中，试着统计各分数段的人数和比例，并用饼图形式表示出来。

成绩分布绘制饼图，输入代码：

```
import numpy as np
import matplotlib.mlab as mlab
import matplotlib.pyplot as plt
lgrade=[52,48,65,68,72,75,78,79,75,77,76,78,85,82,86,87,88,84,95,92]
nl=[]
for grade in lgrade:
        newgrade=int(grade/10)# 将成绩转换为整数，如 65、67 都转为 6
        if newgrade<6:
                newgrade=5# 不及格成绩都转为 5
        nl.append(newgrade)# 成绩转为分数段放入 nl 中
labels=['excellent','good','medium','general','fail']# 饼图标签
count={}
for ngrade in nl:
        count[ngrade]=count.get(ngrade,0)+1# 定义分数段的个数
X=[count[9],count[8],count[7],count[6],count[5]]#X 为各分数段人数
fig = plt.figure()# 计算分数比例
plt.pie(X,labels=labels,autopct='%1.2f%%') # 画饼图
plt.title("Achievement statistics") # 饼图标题
plt.show()
```

运行结果如图 2-12-3 所示。

思考：

（1）字典在上述 Python 程序中发挥了什么作用？

答案：______

（2）int(grade/10) 语句在成绩统计中的作用。

答案：____

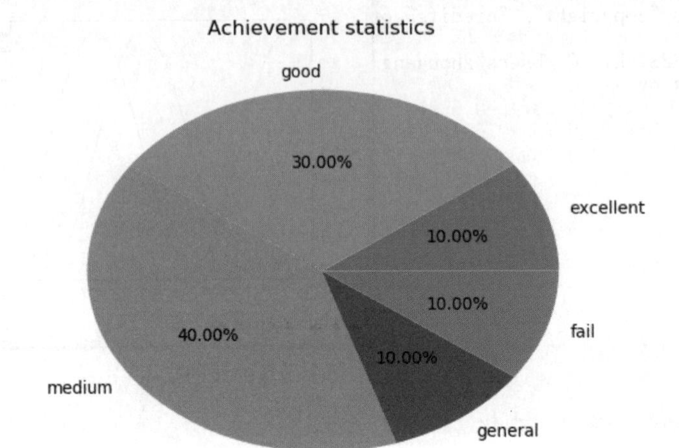

图 2-12-3　成绩统计分布饼图

2）绘制雷达图

根据球员能力绘制球员能力雷达图，以更加全面地分析球员的综合能力。这里列举出 C 罗和梅西的基本能力值，见表 2-12-1，绘制出他们的能力雷达图。

表 2-12-1　球员能力值表

	天赋	身体	健康	抗压	自律	团队
梅西	98	93	88	85	92	90
C 罗	92	99	95	90	96	75

能力绘制的代码如下：

```
import numpy as np
import matplotlib.pyplot as plt
#标签
labels=np.array(['Innate','physical','health','compression','self-discipline','team'])
#数据个数
dataLenth=6
#球员能力数据
data1=np.array([98,93,88,85,92,90])
data2=np.array([92,99,95,90,96,75])
#绘制雷达圆圈
angles=np.linspace(0,2*np.pi,dataLenth,endpoint=False)
data1=np.concatenate((data1,[data1[0]]))
data2=np.concatenate((data2,[data2[0]]))
angles=np.concatenate((angles,[angles[0]]))
fig=plt.figure()
ax=fig.add_subplot(111,polar=True)
#绘制雷达图
```

```
    ax.plot(angles,data1,'ro-', linewidth=2)
    ax.plot(angles,data2,'bo-', linewidth=2)
    ax.set_thetagrids(angles*180/np.pi,labels,fontproperties="SimHei")
    ax.set_title(" 球员能力雷达图 ", va='bottom',fontproperties="SimHei")
    ax.grid(True)
    plt.show()
```

运行结果如图 2-12-4 所示。

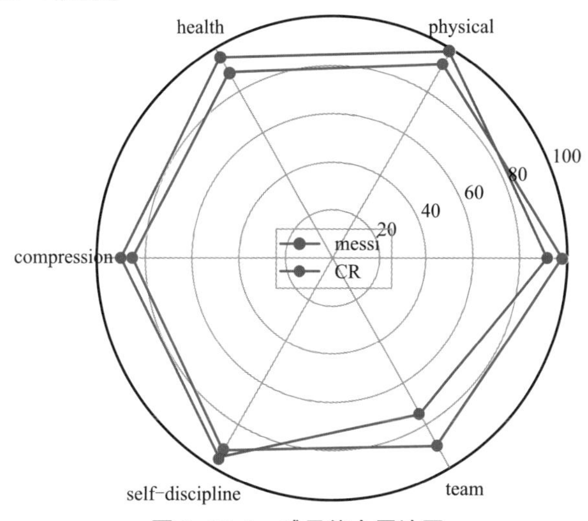

图 2-12-4 球员能力雷达图

【范例 3】数据挖掘之回归分析

回归分析是确定两种或两种以上变量间相互依赖的定量关系的一种统计分析方法。运用十分广泛，回归分析按照涉及的变量的多少，分为一元回归和多元回归分析；按照自变量和因变量之间的关系类型，可分为线性回归分析和非线性回归分析。

某市的片源地段的房产价格与房产面积的关系见表 2-12-2。

表 2-12-2 房产价格表

编号	面积（平方米）	价格（万元）
1	150	64.50
2	200	74.50
3	250	84.50
4	300	94.50
5	350	114.50
6	400	154.50
7	600	184.50

据此，绘制该地段房产价格与面积的曲线，并输入面积预测房产价格。使用一元线性数据拟合，输入代码如下：

```
import numpy as np
import matplotlib.pyplot as plt
# 标签
x=[150,200,250,300,350,400,600]
y=[6450,7450,8450,9450,11450,15450,18450]
plt.grid(True)
plt.xlabel("area")
plt.ylabel("price")
plt.title("House Price Forecast")
z1=np.polyfit(x,y,1)# 用 1 次多项式拟合
p1=np.poly1d(z1)
print(" 房价预测函数：",p1) # 在屏幕上打印拟合多项式
yvals=p1(x)# 也可以使用 yvals=np.polyval(z1,x)
plt.plot(x,yvals,'r',label='polyfit values') # 输出拟合曲线
plt.plot(x,y,'k.','b',label='real values') # 输出真实房价离散点
plt.show()
x1=int(input(" 输入房屋面积：")）
y1=p1(x1)
print(" 房价为：",y1)
```

运行结果如图 2-12-5 所示，拟合曲线如图 2-12-6 所示。

```
Python 3.6.0 Shell
File Edit Shell Debug Options Window Help
Python 3.6.0 (v3.6.0:41df79263a11, Dec 23 2016, 08:06:12
) [MSC v.1900 64 bit (AMD64)] on win32
Type "copyright", "credits" or "license()" for more info
rmation.
>>>
== RESTART: C:\Users\zhougang\AppData\Local\Programs\Pyt
hon\Python36\xx.py ==
房价预测函数：
28.78 x + 1772
输入房屋面积：800
房价为： 24793.08510638299
>>>
Ln: 6 Col: 0
```

图 2-12-5　房价预测程序的运行结果

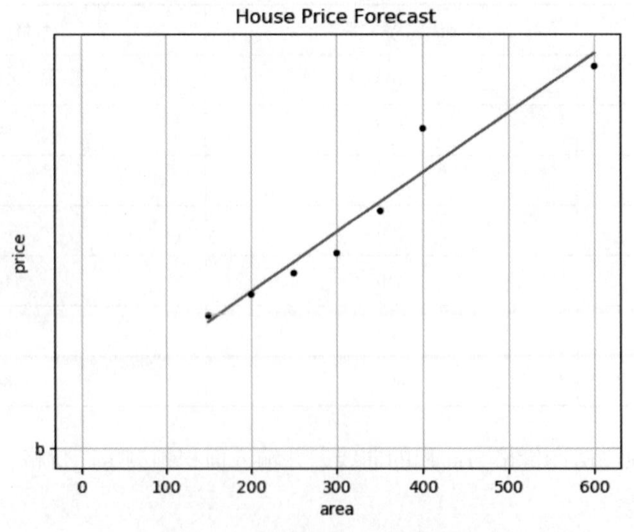

图 2-12-6　房价预测一元线性回归图

3. 实战练习

【练习 1】求下列方程组在 (–4,4) 上的近似解。

$y=x^2+3x-1$

$y=\sin(x)$

【练习 2】绘制爱心图。

心形线的平面直角坐标系方程表达式分别为 $x^2+y^2+a*x=a*\mathrm{sqrt}(x^2+y^2)$ 和 $x^2+y^2-a*x=a*\mathrm{sqrt}(x^2+y^2)$。

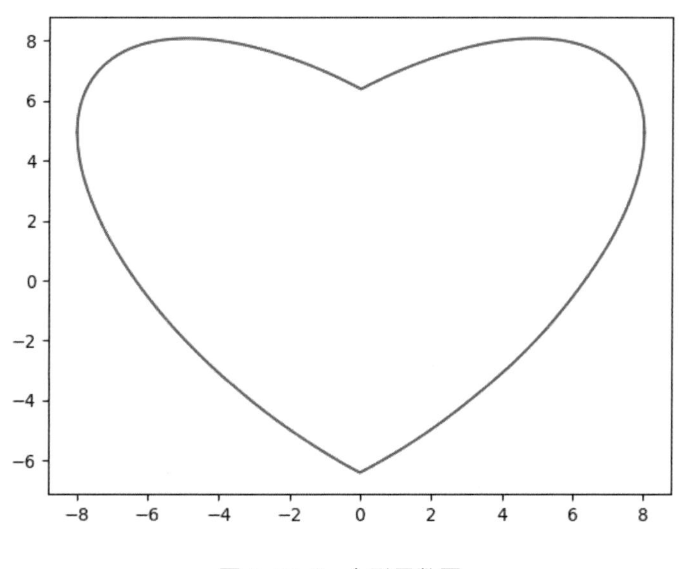

图 2-12-7　心形函数图

【练习 3】绘制折线图、柱形图。

某超市近 5 年的营业收入见表 2-12-3，并依次绘制折线图和柱形图。

表 2-12-3　超市营收表

年　　份	年收入（万元）
2011	212
2012	232
2013	251
2014	300
2015	350
2016	410
2017	430

【练习 4】绘制饼图。

输入一段字符串（50 ~ 100 字符之间），统计其中英文字母、数字、标点符号和空格的个数，并用饼图展现出来。

【练习 5】人口总数预测分析。

我国 2011 年至 2021 年 10 年间人口总数见表 2-12-4。

表 2-12-4　2011 年至 2021 年间人口总数

年　份	人　口
2021 年	141 260 万
2020 年	141 212 万
2019 年	141 008 万
2018 年	140 541 万
2017 年	140 011 万
2016 年	139 232 万
2015 年	138 326 万
2014 年	137 646 万
2013 年	136 726 万
2012 年	135 922 万
2011 年	134 916 万

数据来自国家统计局

分析以下问题：

（1）研究十年间人口变化情况，进行回归分析得到人口变化函数。

（2）据此预测 2022 年、2023 年的人口总数，并通过查询资料与实际情况进行比较。

实验 13 Python 的 turtle 绘图

1. 实验目的

（1）掌握使用 turtle 绘制基本图形。

（2）使用 Python 进行典型图形的绘制。

（3）使用 Python 进行趣味绘图。

2. 实验内容

【范例 1】turtle 模块基础

turtle 是 Python 自带的绘图模块，turtle 翻译为“海龟”，通过海龟的方向变化、颜色变换和起笔落笔的简单绘图，实现复杂多样的图形绘制。

1）画布

画布就是 turtle 用于绘图的区域，可以设置它的大小和初始位置。

设置画布大小：

turtle.screensize(canvwidth=None,canvheight=None,bg=None)，参数分别为画布的宽(单位像素)、高、背景颜色。

turtle.setup(width=0.5,height=0.75,startx=None,starty=None)，参数：width,height 用于输入宽和高为整数时，表示像素；为小数时，表示占据计算机屏幕的比例；(startx,starty) 坐标表示矩形窗口左上角顶点的位置，如果为空，则窗口位于屏幕中心。

2）画笔

（1）画笔的状态。在 IDLE 中输入如下代码：

```
>>> turtle.position()# 获取当前画笔位置坐标
(0.00,0.00)
```

（2）画笔的属性。输入如下代码：

```
>>> turtle.pensize(3)# 设置画笔的宽度
>>> turtle.pensize()# 获取画笔的宽度
3
>>> turtle.pencolor("red")# 设置画笔的颜色
>>> turtle.pencolor()# 获取画笔的颜色
'red'
>>> turtle.speed(5)  # 设置画笔的运笔速度
>>> turtle.speed()# 获取画笔的运笔速度
5
```

（3）画笔的动作。操纵海龟绘图有许多命令，这些命令可划分为 3 种：运动命令、控制命令和全局控制命令。具体命令见表 2-13-1 ~表 2-13-3。

表 2-13-1　画笔运动命令

命　　令	说　　明
turtle.forward(distance)	向当前画笔方向移动 distance 像素长度
turtle.backward(distance)	向当前画笔相反方向移动 distance 像素长度
turtle.right(degree)	顺时针移动 degree°
turtle.left(degree)	逆时针移动 degree°
turtle.pendown()	移动时绘制图形，缺省时也为绘制图形
turtle.goto(x,y)	将画笔移动到坐标为 x,y 的位置
turtle.penup()	提起笔移动，不绘制图形，用于另起一个地方绘制
turtle.circle()	画圆，半径为正（负），表示圆心在画笔的左边（右边）画圆
setx( )	将当前 x 轴移动到指定位置
sety( )	将当前 y 轴移动到指定位置
setheading(angle)	设置当前朝向为 angle 角度
home()	设置当前画笔位置为原点，朝向东
dot(r)	绘制一个指定直径和颜色的圆点

表 2-13-2　画笔控制命令

命　　令	说　　明
turtle.fillcolor(colorstring)	绘制图形的填充颜色
turtle.color(color1, color2)	同时设置 pencolor=color1, fillcolor=color2
turtle.filling()	返回当前是否在填充状态
turtle.begin_fill()	准备开始填充图形
turtle.end_fill()	填充完成
turtle.hideturtle()	隐藏画笔的 turtle 形状
turtle.showturtle()	显示画笔的 turtle 形状

表 2-13-3　全局控制命令

命　　令	说　　明
turtle.clear()	清空 turtle 窗口，但是 turtle 的位置和状态不会改变
turtle.reset()	清空窗口，重置 turtle 状态为起始状态

续表

命　　令	说　　明
turtle.undo()	撤销上一个 turtle 动作
turtle.isvisible()	返回当前 turtle 是否可见
stamp()	复制当前图形
turtle.write(s,font=("fontname",font_size,"font_type")])	写文本，s 为文本内容，font 是字体的参数，分别为字体名称、大小和类型；font 为可选项，font 参数也是可选项

【范例 2】turtle 基础绘图

综合运用 turtle 绘图的基础方法，完成下列基础图形的绘制。

1）绘制红色长方形

在 IDLE 中输入代码如下：

```
import turtle
turtle.fillcolor("red")# 设置填充色为红色
turtle.begin_fill()# 准备开始填充
# 绘制矩形
turtle.left(90)
turtle.forward(100)
turtle.right(90)
turtle.forward(150)
turtle.right(90)
turtle.forward(100)
turtle.right(90)
turtle.forward(150)
turtle.end_fill()# 结束填充
turtle.done()
```

运行结果如图 2-13-1 所示。

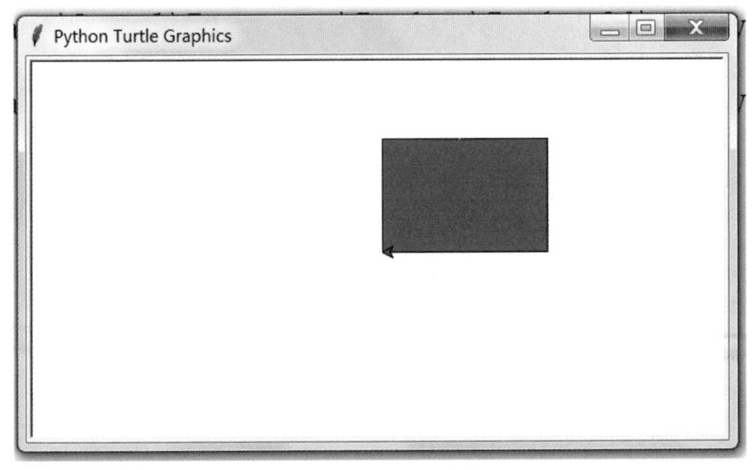

图 2-13-1　绘制红色矩形

2）绘制多彩正多边形

在 IDLE 中输入代码如下：

```
import turtle
collist=["red","blue","yellow","green","pink"]
n=5# 设置为五边形
l=200# 边长为 200
turtle.pensize(4)# 画笔粗为 4
# 绘制五边形
for i in range(n):
            turtle.color(collist[i%n])# 使用色彩列表涂色
            turtle.forward(l)# 移动 200
            turtle.left(360/n)# 转向 73 度
turtle.done()
```

运行结果如图 2-13-2 所示。

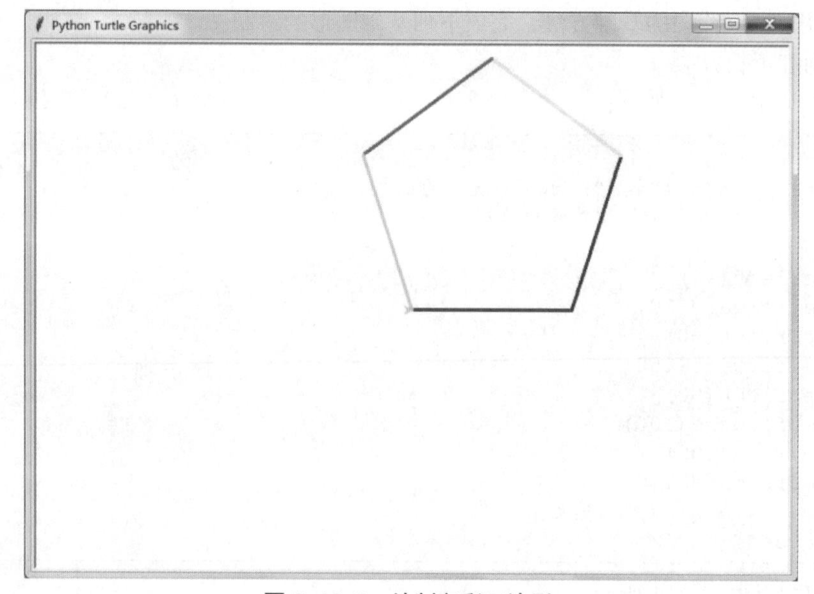

图 2-13-2　绘制多彩五边形

【范例 3】turtle 趣味绘图

选择一些经典的、带有趣味性的绘图，通过学习，感受使用简单的绘图配合相关算法可以实现复杂美观的绘图设计。

1）利用循环语句绘图

在 IDLE 中输入代码如下：

```
import turtle
turtle.color("red","yellow")# 设置画笔红色、填充为黄色
turtle.begin_fill()# 准备开始填充
turtle.speed(8)# 画速为 8，最高是 10
# 绘制太阳形状
for i in range(50):
            turtle.forward(200)
            turtle.right(170)
turtle.end_fill()# 结束填充
turtle.done()
```

运行结果如图 2-13-3 所示。

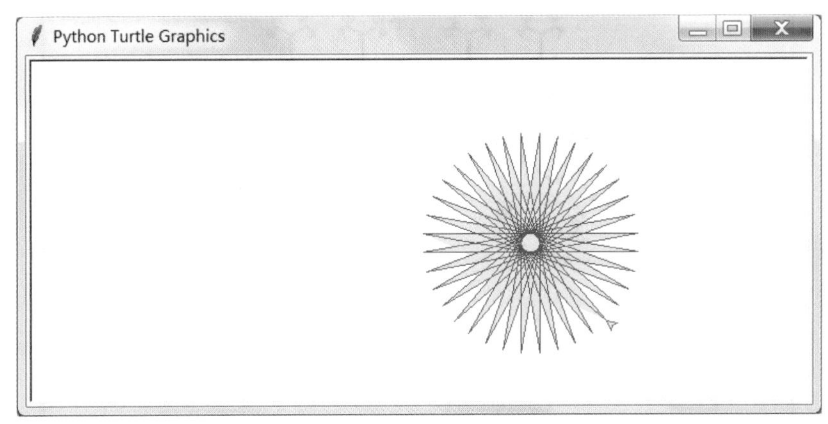

图 2-13-3　绘制太阳形

思考：

（1）循环语句在绘制图形中的作用。

答案：____

（2）画笔偏转角度和循环次数如何配合使用。

答案：____

2）利用递归语句绘图

在 IDLE 中输入代码如下：

```
from turtle import Turtle
def tree(p,l,a,f):
        if l>10:# 树长大于 5 时就继续画子树，否则停止程序
                p.forward(l)# 画树干
                q=p.clone()# 再克隆一个画笔
                p.left(a)# 转向左子树
                q.right(a)# 转向右子树
                tree(p,l*f, a, f)# 画左子树干
                tree(q,l*f, a, f)# 画右子树干
        else:
                print(" 完成一个子树绘制！ ")
# 主函数
p=Turtle()
p.color("green")# 画笔为绿色
p.pensize(5)
p.speed(10)
p.goto(0,-100)
p.left(90)# 画笔转向正上方
t=tree(p,200,65,0.6375)
# 绘制 tree 的 4 个参数为：画笔，树干长度，偏转角度，下一级树长比
```

运行结果如图 2-13-4 所示。

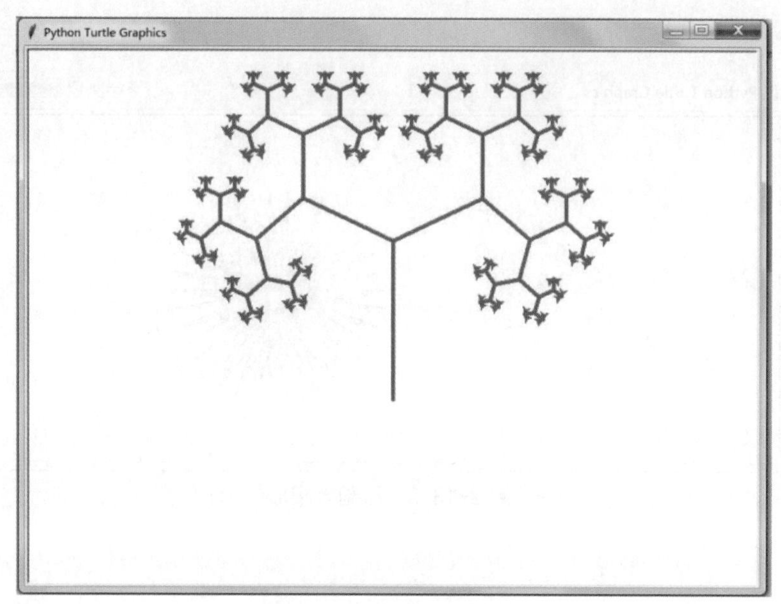

图 2-13-4　绘制树形图

3. 实战练习

【练习 1】绘制一个椭圆。

【练习 2】绘制 y=sin(x) 的函数图。

【练习 3】绘制自己名字的首字母。

【练习 4】绘制一个正六形。

【练习 5】绘制 9 个同心圆。

【练习 6】绘制大小圆串，如图 2-13-5 所示。

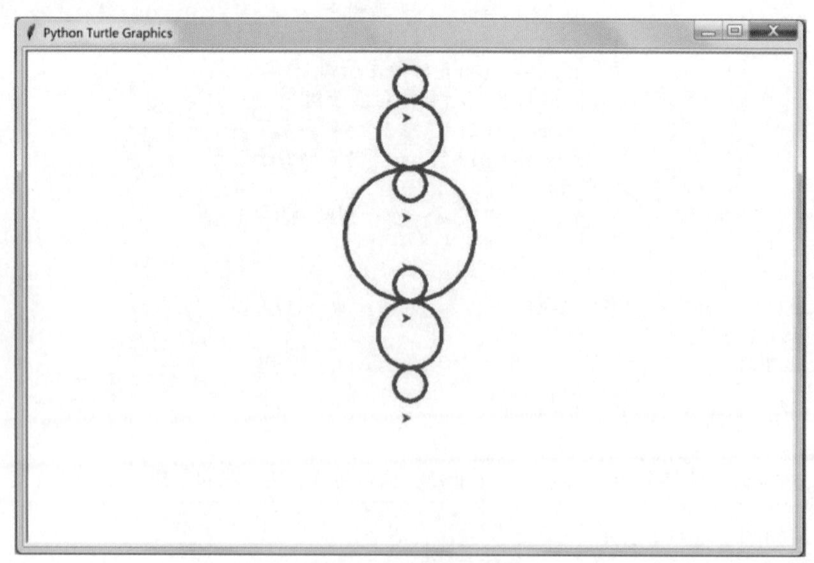

图 2-13-5　圆串形图

主函数代码如下：

```
from turtle import Turtle
# 主函数
p=Turtle()
p.color("red")
p.pensize(5)
p.speed(10)
t=dc(p,80,p.xcor(),p.ycor())
# 绘制圆的 4 个参数为：画笔，圆半径，当前画笔的 x 坐标，当前画笔的 y 坐标
```